Der Werdegang der Entdeckungen und Erfindungen

Unter Berücksichtigung
der Sammlungen des Deutschen Museums und
ähnlicher wissenschaftlich=technischer Anstalten

herausgegeben von

Friedrich Dannemann

6. Heft:

Erzeugung und Verwendung des Gases zur öffentlichen Gasversorgung

München und Berlin 1926
Druck und Verlag von R. Oldenbourg

Erzeugung und Verwendung des Gases zur öffentlichen Gasversorgung

Von

Rich. F. Starke

Mit 78 Abbildungen

München und Berlin 1926
Druck und Verlag von R. Oldenbourg

Dem Nachwuchs des Gasfaches
gewidmet

Vorwort.

Die Arbeit der Vorläufer gibt das Fundament der Entwicklung, deren Fortsetzung der Nachwuchs später übernehmen muß. Wer die Geschichte seines Faches kennt, faßt leichter Wurzel und findet oft Ausblicke, deren Lösung späterer Arbeit vorbehalten ist. Das Gasfach braucht sich seiner hundertjährigen Geschichte nicht zu schämen und ist nicht überwunden. Findet es doch auch Parallelen, z. B. im Eisenbahnwesen (Dampfbetrieb) und Eisenhüttenwesen (Hochofen). Technische Zweige solcher Ausdehnung und Vervollkommnung sind überhaupt nicht von heute auf morgen vollständig zu erledigen und zu ersetzen, wie ja auch die Geschichte lehrt. Höchstens kann ein einzelnes Anwendungsgebiet in der Entwicklung gehindert werden, wofür das Gasfach bisher stets Ersatz gefunden hat, der den Ausfall deckte und sogar den Gasverbrauch wesentlich steigerte. Hier muß es sich für die Zukunft auf den Nachwuchs verlassen.

Innig verbunden mit dem Wohl und Wehe des Faches ist die Frage der Wirtschaftlichkeit der Auswertung der Kohlenenergie. Hier bietet die Verkokung auf lange Zeit noch das Fundament. Da aber ein erheblicher Teil der Kohlen-Wärme-Einheiten in der Form des Koks zu verwerten ist, so steht die Frage der Koksverwendung im Vordergrund. Soweit die Verkokung auf den Kohlenzechen in den Kokereien erfolgt, bietet der Absatz des Koks als Hüttenkoks zum Hochofenbetrieb, für die chemische Industrie zur Vergasung, als Grundlage moderner Prozesse, und für Gießereizwecke wenig Schwierigkeiten — abgesehen von Konjunkturänderungen. Im Gaswerksbetrieb kann aber nur durch Koksverbesserung (Kohlenmischung und moderne Ofenanlagen) der Koksanfall leichter und besser verwertet werden, oder durch Koksvergasung (Wassergas, z. T. auch Generatorgas) und Mischgaserzeugung der Koksballast beseitigt werden. Das Ideal in diesem Sinne ist die restlose Ent- und Vergasung der Kohle, die allerdings zu geringen Gasheizwert liefert, um in den im Betrieb befindlichen Gasverbrauchsgeräten anstandslos verwendbar zu sein. Die neuerdings aufgekommene Tieftemperaturverkokung

(Schwelen) bietet dann aber die Möglichkeit, mit dem sehr heiz-kräftigen Schwelgas das Mischgas im Heizwert so zu erhöhen, daß dieser Übelstand ausgeschaltet wird. Als fest zu verwerten-der Brennstoff bliebe dann der Schwelkoks-Anfall zurück, der schon heute als Anthrazit-Ersatz für Hausbrand sich gut ein-führt. Dieses kurz umrissene Gebiet bleibt ein reiches Arbeitsfeld für den Gasingenieur der Zukunft.

Um die Geschichte des Gases dem Neuling des Faches und jedem sonstigen Wißbegierigen in gedrängter Form näherzu-bringen, ist die eingehende Bezugnahme auf die ausführlichere Fachliteratur nicht zu vermeiden. Nur für die Verwendung des Gases wurden technische Zahlen gebracht, die aber auch der Laie für den Gebrauch der Heizgeräte nötig hat. Wer sich über die Konstruktionsgrundlagen näher unterrichten will, muß sich mit den größeren Handbüchern bekannt machen. Der Anhang gibt einen kurzen Überblick über die technischen Gase.

Damit ist die Bestimmung dieser knappen Geschichte ge-geben:

Dem Nachwuchs des Gasfaches zur Führung und Förderung.

Essen, Oktober 1925.

Rich. F. Starke.

Stammbaum
der Verkokung der Steinkohle.

Herausgegeben von der landwirtschaftlichen Abteilung der
Deutschen Ammoniak-Verkaufs-Vereinigung G.m.b.H. Bochum

Inhaltsverzeichnis.

1. Einleitung.

Die Gastechnik sieht auf eine lange Geschichte zurück. Das Wort »Gas« benützte schon der 1493 geborene Paracelsus und um 1600 wählte es — im Anklang an das Wort Chaos — der Begründer der Chemie der Gase: van Helmont. Bekannte Namen der Frühzeit der chemischen Wissenschaft sind mit der Untersuchung der Gase verbunden, so: Becher, Black, Lavoisier, Cavendish, Priestley, Scheele, Gay-Lussac u. a.

Dieser frühen wissenschaftlichen Berücksichtigung der Gase geht aber eine viel weiter zurückreichende Bekanntschaft des Menschen mit der Erscheinung des brennenden und damit der Beleuchtung dienenden Gases voran. Das dem Erdboden entströmende Naturgas in China, Persien, Britisch-Indien und auch Nordamerika war seit Jahrhunderten bekannt und brannte dort, als Gottheit verehrt. Kienspan und Öllampe als Leuchtquellen stellten aber bereits eine Art der Gasanwendung dar, weil jede brennende Flamme nur brennendes Gas ist.

Die trockene Destillation der Steinkohlen, d. i. die Erhitzung derselben unter Luftabschluß, wurde als sogenannte »Entschwefelung« schon 1580 von dem Anhaltiner Stumpfelt beschrieben. Die Bibliothek zu Wolfenbüttel enthält eine Handschrift von 1584 über erste Versuche, die Herzog Julius von Braunschweig-Lüneburg veranlaßt zu haben scheint. Auch in Großbritannien beschäftigte man sich mit dieser Frage, besonders im Zusammenhang mit der Erblasung von Eisen im Hochofen mit Steinkohlen. 1619 erhielt Lord Dudley ein Patent auf ein Verfahren seines natürlichen Sohnes Dud Dudley, und nach jahrelangen Arbeiten verfaßte dieser 1665 eine Schrift »Metallum Martis oder Eisenbereitung mit Steinkohle«, die aber nur vermuten läßt, daß er die Kohle vorher verkokt hat.

In Lancashire in England war um 1667 eine Gasquelle bekannt, deren Ursprung Th. Sirley in den dort vorhandenen Steinkohlenlagern vermutete. Der vom Prinzen Rupprecht von der Pfalz nach England gerufene deutsche Chemiker Dr. Johann

2

Becher aus Speyer (gest. 1685 in London) verfolgte diese Idee und erhielt 1680 als John Becher mit H. Serlo ein englisches Patent auf die Verkokung mit Teergewinnung. Er veröffentlichte 1682 seine Untersuchungen über die Vergasung von Steinkohlen, doch währte es noch lange Zeit, bis es zu erfolgreichen praktischen Versuchen kam.

So war also die Verkokung der Steinkohlen, bei gleichzeitiger Abspaltung eines mit leuchtender Flamme brennenden Gases der wissenschaftlichen Welt bekannt. 1727 berichtet Stephen Hales, 1739 R. Watson und 1793 John Clayton über Versuche. 1785 beleuchtete der holländische Chemiker und Physiker Jean Pieter Minckelers seinen Hörsaal der Löwener Universität mit Steinkohlengas, 1786 der Würzburger Apotheker Pickel sein Laboratorium mit Gas aus der trockenen Destillation von Knochen und 1786 Lord Dundonald sein Landhaus mit Kokereigas aus seiner Kokerei Culross Abbey [Abb. 1][1].

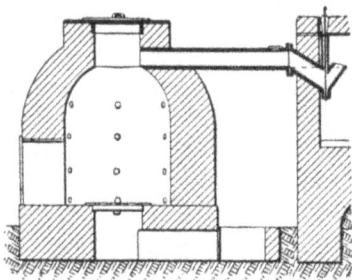

Abb. 1. Dundonalds Koksofen.

Wenn auch diese praktischen Versuche noch nicht die Grundlage gaben für eine Gastechnik, so waren sie doch Veranlassung, das Gas als Leuchtmittel bekannt zu machen und bis in unsere Tage namengebend zu wirken durch die Bezeichnung »Leuchtgas«.

Es bedurfte aber noch jahrelanger Arbeit, um eine Gastechnik ins Leben zu rufen. Man versuchte zunächst weiter, in kleinem Maßstabe Holz oder Kohle in kleinen Retorten oder Öfen zu vergasen. In England arbeitete William Murdock mit seinem großen Schüler Clegg. 1792 beleuchtete Murdock sein Haus in Redruth (Cornwallis) dauernd mit Gas; 1799 begann er mit Versuchen, die erste Dampfmaschinenfabrik von Boulton & Watt in Soho bei Birmingham mit Gas zu beleuchten [Abb. 2][2], doch kam es nur 1802 gelegentlich der Feier des Friedens von Amiens zu einer kleinen Illumination der Fabrik. Erst 1803 war es dort in gemeinsamer Arbeit mit Samuel Clegg möglich, die Öl-

---

[1] Aus O. Johannsen, Geschichte des Eisens, 1. Aufl., S. 134, Abb. 126.

[2] Aus der Denkschrift des Vereins deutscher Ingenieure über das Deutsche Museum, München 1925, S. 339.

beleuchtung durch Gasbeleuchtung zu ersetzen. Im Anschluß daran übernahmen Boulton & Watt, unter Führung von Murdock und Clegg, die Ausführung solcher Gaserzeugungs- und Beleuchtungsanlagen; sie sind also die erste Baufirma des Gasfaches. Die größte Anlage erbaute Murdock in der Baumwollspinnerei von Philipps & Lee in Salford; wegen der günstigen Betriebsergebnisse verlieh ihm die Royal Society in London einen

Abb. 2. Murdocks erster Ofen.

vom Grafen Rumford gestifteten Preis. 1809 veröffentlichte Murdock seine Erfahrungen über den Betrieb dieser Anlage. Die Kohle wurde in dauerndem Betrieb in großen eisernen Retorten destilliert. Das Gas wurde in Behältern aufgefangen und durch Rohrleitungen den Werkstätten zugeführt. Die verwandten Brenner waren verschieden konstruiert, 271 waren nach Art der Argandlampe gebaut, 633 Brenner waren konische Enden mit einem runden und zwei breiten Löchern, so daß sich eine Flamme in einer Linie bildete. Der erste Brennertyp ersetzte 4 Talglichte,

1*

4

der zweite 2¼ Talglichte. Aus 110 t Steinkohle wurden 70 t
guter Koks erzeugt und 11 bis 12 Gallonen Teer nebst wässeriger
Flüssigkeit. 1805 waren in der Fabrik in Salford die Werkstätten,
die Kontore, später auch die Wohnzimmer und alle übrigen
Räume mit Gas beleuchtet. Murdock war der erste, der größere
Steinkohlengasanlagen ausführte und Fabriken mit Gas beleuchtete. Seine Apparate wurden durch Samuel Clegg wesentlich
verbessert, doch ist seine Retorte und Ofenkonstruktion noch
heute in Gebrauch. Für das heutige Gasfach war seine Arbeit
wichtiger und erfolgreicher wie die in anderer Richtung sich be-
wegenden Arbeiten des Franzosen Lebon. Dieser gab aber wieder
die Anregung zur Beschäftigung mit der Frage der Gaserzeugung
und Verwendung und wirkte dadurch auf einen großen Kreis.
Auch in Amerika, Baltimore, Md., U. S. A. wurde bereits 1802
von Henfrey ein Gaswerk errichtet.

Neben Murdock arbeitete seit 1786 auf dem Festlande
Lebon in Paris, der 1799 ein französisches Patent auf eine sogenannte »Thermolampe« an-
meldete und erhielt, diese be-
traf einen Zimmerofen, der zur
Heizung und Beleuchtung von
Zimmern diente unter trockener
Destillation von Holz. Zuerst
benutzte Lebon die Thermolampe in seiner Wohnung in
Paris, später zeigte er sie
öffentlich im Hotel Seignelay
in der Rue St. Dominique.
Die Einzelheiten des Verfahrens
hielt er geheim, doch beschäftigten sich fast alle Zeitschrif-
ten Europas mit dieser Erfin-

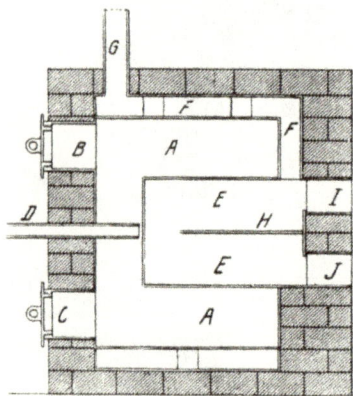

Abb. 3. Lebons Thermolampe.

dung, und gestattete er verschiedenen Personen, darunter auch
Engländern, die Mitarbeit an den Versuchen, so daß schließlich
das Prinzip doch bekannt wurde und die allgemeine Erfinder-
tätigkeit anregte.

Abb. 3[1]) gibt das Lebonsche Patent: A ist der Vergasungsraum, den Lebon mit Holz füllte, D ist das Gasabzugsrohr,
E ist der Heizraum, der von ihm mit Holzkohle gefüllt wurde,

[1]) Aus Gas- und Wasserfach, 1925, S. 406, Abb. 233.

F sind Feuerzüge und *G* der Anschluß an den Schornstein; *B* und *C* sind Füllöffnungen für den Vergasungsraum, *J* für den Heizraum und *H* eine Scheidewand in diesem, die auch den Luftdurchgang frei läßt. 1801 erhielt er ein Zusatzpatent für Maschinen, die durch die Explosivkraft des Gases bewegt wurden — also der Gasmaschine. Er wurde 1804 ermordet, seine Witwe erneuerte die Versuche 1811 und erhielt von Napoleon I. bis zu ihrem Tode eine Pension. 1802 erschien in Regensburg eine deutsche Übersetzung von Lebons Beschreibung der Thermolampe und Dr. Joh. Jak. Wagner in Salzburg nahm erfolgreich Versuche mit Glasapparaten vor, doch bewirkte das Gas Lähmungserscheinungen. 1801 sah der deutsche Kaufmann Friedrich Albert Winzer die Thermolampe in Paris, suchte erfolglos eine Lampe zu bekommen und baute schließlich nach dem Gesehenen, und was er erfahren hatte, eine ähnliche Anlage. Diese zeigte er 1802 öffentlich in Braunschweig, begab sich dann nach London — wo er sich Winsor nannte — und hielt dort 1803 und 1804 im Lyceum-Theater Vorträge über die Thermolampe und die Gasbeleuchtung. Wegen ungenügender Beherrschung der englischen Sprache mußte er den englischen Chemiker Edward Heard zuziehen und erhielt 1804 ein englisches Patent »auf einen Ofen oder Retorte oder ein Gefäß aus Metall oder feuerfestem Ton, in dem mit Feuer und Hitze jedes rohe Heizmaterial in Koks und Holzkohle verwandelt wird«. Auch Winsor erzeugte Holzgas, erhielt 1807 und 1809 je ein englisches Patent auf den »Herd oder Ofen unter vollständiger Reinigung des Gases von seinem Geruch bei der Verbrennung«, doch kam er mit der Reinigung des Gases nicht zurecht. Sein Mitarbeiter Heard besaß chemische Kenntnisse, erkannte die Ursachen und kam ihm mit einem englischen Patent 1806 zuvor, das klarer angibt, was Winsor mit seinen beiden Patenten meinte, ohne es beschreiben zu können. Das Auftreten Winsors veranlaßte Murdock 1809, seine Erfahrungen mit der bereits erwähnten Anlage in Salford bekannt zu geben. Auch Winsor kam zur Überzeugung, daß die Steinkohlenentgasung vorzuziehen sei. 1803 besichtigte er mit Heard die von Murdock geschaffene Anlage in Soho bei Birmingham; dann sammelte er Kapital, begann damit Versuche bei einem Wagenbauer Kenzie in der Greenstreet, hielt Vorträge und Vorführungen und bildete eine Aktiengesellschaft mit einer sehr großen Zahl von Aktien zu je 5 Pfd. Sterl., für die er eine ungeheure Verzinsung versprach. Das Direktorium dieser Gesellschaft, dem Accum und Hargraves

angehörten, stellte 1809 beim Parlament den Antrag zur Bildung
einer National Gaslight and Heat Company, der aber auf die
Einsprüche von Murdock und Watt abgelehnt wurde. Im Jahre
1810 suchte Winsor beim Parlament und beim König abermals
um Genehmigung nach, er war diesmal erfolgreicher, es gelang
ihm schließlich, eine Gesellschaft mit 200000 Pfd. Sterl. Kapital
zu gründen, die den Namen »Chartered Gaslight and Coke Company« erhielt, und deren Tätigkeit über die City von London, Westminster und Southwark beschränkt blieb. Erst Ende 1812 wurde
das Privilegium ausgefertigt. In das Direktorium der Chartered
Gaslight and Coke Company wurde Winsor nicht gewählt, aber es
wurde ihm eine jährliche Rente ausgesetzt. Die früheren Aktien erkannte die Gesellschaft nicht an, sondern verwies die Besitzer an
Winsor. Als erfahrenen Geschäftsmann nahm die Gesellschaft den
Buchhändler Ackermann in London auf, der in seiner Buch-
druckerei durch Clegg eine Gasanlage hatte einrichten lassen. Er
veranlaßte den Eintritt Cleggs in die Gesellschaft, der nach eigenen
Plänen ein Gaswerk in Westminster in der Petresstreet errichtete.
Am 31. Dezember 1813 wurde zuerst die Westminsterbrücke und
am 1. April 1814 das Kirchspiel Margarethe mit Gas beleuchtet.
Die Geschäfte der Gasgesellschaft gingen nicht gut und wurden
erst nach einer Verdoppelung des Aktienkapitals günstiger;
Winsors Gegner machten ihm seine Rente streitig, die ihm auch
entzogen wurde. Darauf siedelte Winsor nach Paris über.
Clegg verließ 1817 die Gesellschaft nach schlimmen Erfahrungen.
Die Rente des Gaswerks hatte sich mittlerweile gehoben, besonders seit Clegg einen brauchbaren Gasmesser konstruiert
hatte.

Clegg befaßte sich dann, da die Gaserzeugung sich einführte,
mit dem Bau größerer Gaswerke; zuerst errichtete er ein kleineres
Werk für die Kgl. Münze, dann Werke in Bristol, Birmingham,
Chester u. a. Nach längerem Aufenthalt in Portugal kehrte er
nach England zurück und wurde 1847 von der englischen Regierung
angestellt zur Prüfung der Eingaben für die Erlangung von Privi-
legien zur Erbauung von Gaswerken. Er starb 1861 in Hampstead.
1868 bestanden in Großbritannien schon 1134 Gasgesellschaften.

Winsor kam 1815 nach Paris und erhielt am 1. Dezember
1815 ein französisches Patent. 1817 wurde die Passage des Pa-
noramas mit Gas beleuchtet, später auch ein Teil des Luxembourg
und des Odeon, doch mußte die gegründete Gesellschaft schon
1819 liquidieren. Winsor endete im 68. Lebensjahre in Paris, ver-

gessen und mit Undank gelohnt. In den nächsten Jahren waren verschiedene Gesellschaften nicht erfolgreicher, da die Bevölkerung sich gegen die Gasbeleuchtung ablehnend verhielt. Erst am 1. Januar 1830 wurde die Rue de la Paix mit Gas beleuchtet, und hatte jetzt die Einführung des Gases gesiegt. Es bildeten sich eine Reihe von Gasgesellschaften für die Beleuchtung der verschiedenen Stadtteile und Vorstädte von Paris.

In Deutschland beschäftigte man sich an verschiedenen Stellen mit der »Thermolampe«. Professor Lampadius, der Chemiker an der Bergakademie in Freiberg i. S., soll bereits 1799 im Schloß zu Dresden die Thermolampe mit Erfolg zur Beleuchtung vorgeführt haben; später — 1811 — war er auch der erste, der eine öffentliche Straßenbeleuchtung mit Gas einrichtete, das er in seinem Laboratorium erzeugte, auch erhielten auf sein Betreiben 1816 die damaligen Amalgamierwerke bei Freiberg, jetzt staatlichen Hütten-werke, Gasbeleuchtung. 1802 zeigte Dr. Zacharias Andreas Winzler aus Znaim in Mähren die Thermolampe; er gab eine Schrift heraus »Die Thermolampe in Deutschland«, zeigte seinen Apparat öffentlich und hielt Vorträge. Er errichtete verschiedene Anlagen, z. B. in der Alserkaserne in Wien, in der Kattunfabrik des Barons von Fries zu Kettenhof bei Wien, und 1806 eine größere

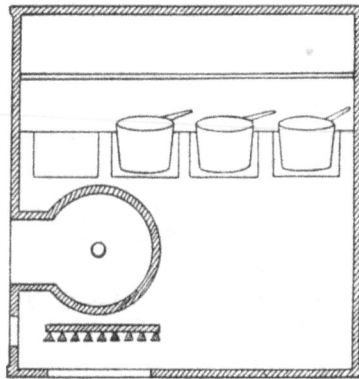

Abb. 4. Winzlers Thermolampe.

Anlage auf den Gütern des Fürsten Salm in Raiz und Blansko in Mähren. Anfeindungen veranlaßten ihn zur Herausgabe einer Schrift mit Berichtigungen über sein Verfahren für die öffentliche Beleuchtung und die Verwendung von Steinkohlen statt Holz.

Abb. 4[1]) zeigt Winzlers ersten Apparat in seinem Wohnhause in Znaim. Dr. Carro in Wien besichtigte und beschrieb den Apparat im Jahre 1802: In einem Küchenherd, der für 11 Personen diente, war eine eiserne Kugel von 15 Zoll Durchmesser, in welcher Holz entgast wurde. Als Feuerungsmaterial diente Holz. Das

[1]) Aus Gas- und Wasserfach, 1925, S 421, Abb 236.

erzeugte Gas diente zum Heizen von Öfen in anderen Zimmern und zur Beleuchtung. Da nicht das ganze Gas sofort verwendet wurde, speicherte Winzler den Rest an Gas in einer Art viereckigen Blasebalg, bestehend aus 2 Holzplatten und Lederbalg, der in einem anderen Zimmer stand. Später verwendete Winzler eiförmige Retorten aus Eisen oder Ton, benutzte eine Wasservorlage als Wasserabschluß, zur Gasreinigung Laugensalz und gebrannten Kalk und als Gasbehälter mehrere Fässer, aus denen das Gas durch einfließendes Wasser verdrängt wurde, oder einen Blasebalg ähnlichen Gasbehälter. Er empfahl zur Beleuchtung Argandbrenner und machte auch darauf aufmerksam, daß die Einführung geringer Mengen Sauerstoff in die Flamme größere Helligkeit erzielt. Obwohl Winzler der Wert des Steinkohlengases richtig erkannte und sich dafür früh einsetzte, hatte er keinen Erfolg. Die Gastechnik mußte später erst aus dem Auslande nach Deutschland gebracht werden. Neben Winzler traten auch andere Deutsche auf, die sich mit der Thermolampe beschäftigten, Versuche ausführten, sie öffentlich zeigten, darüber schrieben und auch ganze Anlagen bauten. So der Amtsinspektor Christian Friedrich Werner in Vetschau 1805, Dr. med. Kretschmar in Sandersleben 1803, der Apotheker Karl Bünger in Dresden 1803, der Professor der Physik und Chemie Dr. Gilbert in Halle 1806. Lebons Erfindung hatte in Deutschland mehr Aufsehen gemacht wie in Frankreich, doch hielt dies nicht lange an, da die Einzelapparate in den Häusern zuviel Schwierigkeiten brachten, die Gasqualität vom Anfang bis Ende der Entgasung ungleichmäßig war, auch die Dichtheit der Apparate und die Bedienung der Anlagen Sorgfalt forderte. Schließlich hielten sich nur die fabrikmäßigen Betriebe und verschwanden die Hausanlagen um 1815. Auch die Holzvergasung verschwand und verarbeiteten die Zentralanlagen nur Steinkohlen. 1817 gab der Direktor des k. k. polytechnischen Instituts zu Wien Prechtl ein Werk über Steinkohlengasbereitung heraus. 1818 wurde das Gas in Wien zur Straßenbeleuchtung in der Kruger- und Wallfischgasse verwendet. 1824 kam Congrève im Auftrage der »Imperial Continental Gas Association« in London nach Deutschland und schloß 1825/26 Verträge für die Gasbeleuchtung von Hannover und Berlin ab. In Dresden führte Blochmann Versuche aus, die zur Errichtung eines Gaswerks durch den König führten, das dann an die Stadt überging. Schiele in Frankfurt a. M. und Knoblauch richteten unabhängig von Blochmann Ölgasanstalten in verschiedenen Städten ein. 1833 wurde die erste österreichische Gasbeleuchtungsgesellschaft gegründet und 1865 die Deutsche Kontinental-Gasgesellschaft in Dessau; ihnen folgten weitere Gasgesellschaften.

Das alleinige Verwendungsgebiet des Gases, das bis in die neueste Zeit überwiegend als Steinkohlengas Verwendung fand, war die Beleuchtung. Ursprünglich bestanden die Brenner in dünnen Rohrenden, dann kamen Brennerköpfe auf, deren Form durch die Namen: Pilz-, Hahnensporn-, Fächer- und Sternbrenner gegeben wird. Ein großer Fortschritt wurde erzielt, als 1805 Stone, ein Arbeiter Winsors, den Schnitt- oder Fledermausbrenner erfand, dem in den dreißiger Jahren der Fischschwanzbrenner sich anschloß, gekennzeichnet durch zwei aufeinanderprallende Gasstrahlen. Das Brennermaterial war Eisen, erst von 1852 ab wurde Speckstein oder Porzellan verwendet.

Als der große Konkurrent des Gases, die Elektrizität, im letzten Viertel des 19. Jahrhunderts aufkam, lieferte die elektrische Kohlenfadenlampe auch nur 16 Kerzen Leuchtkraft wie die normale Gasflamme. In diesem Wettkampf förderte Dr. Karl Freiherr Auer von Welsbach in Wien das Gas durch die Erfindung des Gasglühlichtes. 1884 beleuchtete er zum ersten Male sein Laboratorium damit. Obwohl die Inkandeszenzbeleuchtung, d. i. die Beleuchtung mittels glühender fester Körper, schon vor ihm in der Form des Drumondschen Kalklichtes bekannt war, so bedeutete seine Erfindung doch eine grundlegende Umwälzung. Er hatte allerdings in der Anwendung eines imprägnierten Gewebes, das zur Veraschung kam, um als Glühkörper zu dienen, einen Vorläufer in Frankenthal; es war ihm aber von diesen Versuchen, die mit Spiritus betrieben und vom Erfinder »Lunarlicht« benannt wurden, nichts bekannt. Als die ersten Probebrenner in die Hände der Gastechniker kamen, mußte damit sehr vorsichtig umgegangen werden, und war die Freude an dem damals grünen Licht kurz, denn der Glühkörper besaß nur sehr geringe Festigkeit. Auch der Gewinn an Leuchtkraft war noch gering. Das Imprägniermittel waren seltene Erden, ursprünglich Yttrium, Lanthan usw., später fand Auer, daß Thoriumoxyd mit einer geringen Beimischung von Ceroxyd die günstigste Leuchtkraft liefert. Nach hartem Arbeitskampf war 1892 dieser Fortschritt erreicht und die gesamte Gasindustrie damit nicht nur einen erheblichen Schritt vorwärts gekommen, sondern auf eine völlig neue und sichere Grundlage gestellt worden.

Bunsen gab mit dem nach ihm benannten Brenner der Gasindustrie ein wichtiges Hilfsmittel, das auch Auer verwendete. Diese Heizflamme fand aber auch rasch sonstige Anwendung. So wurde die Gasküche entwickelt und auch der Gasbadeofen ausgebildet. Beide sind heute konkurrenzlos und unentbehrlich für die Lebensbedürfnisse der Bewohner der Städte. Im Anschluß an die Ausbildung des Warmwassererhitzers entwickelte sich die Warmwasserheizung der Wohnungen, daneben die eigentlichen Gasheizöfen für die Raumheizung.

Die Gasbeleuchtung dominierte, bis Auer von Welsbach in Wien bahnbrechend die elektrische Metallfadenlampe schuf. Jetzt wurde die Gasbeleuchtung stark bedrängt, doch ist sie, besonders in der Straßenbeleuchtung, noch nicht geschlagen. Das Gasfach fand reichlichen Ersatz in dem Ausfall an Gas zur Beleuchtung durch die Belieferung mit Koch- und Heizgas. Neuerdings kommt auch die Belieferung der Industrie mit Heizgas für die verschiedensten Zwecke immer mehr zur Anwendung. In dem an sich gesunden Konkurrenzkampf zwischen Gas und Elektrizität darf aber nie vergessen werden, daß $1 KW = 860 WE$[1]) und $1 m^3$ Stadtgas $= 3500$ bis $4500 WE$ bedeutet, wodurch sich schon das Wertverhältnis ergibt. Oft totgesagt und der Daseinsberechtigung verlustig erklärt, selbst in Ingenieurkreisen oft nicht gerade bevorzugt, entwickelte sich trotzdem die Gasversorgung stetig weiter und nahm bis zum Umsturz 1918 sehr erheblich zu; sie erlitt dann einen Rückschlag, der aber zum größten Teil schon überwunden ist [Abb. 5][2]). Der Verbrauch auf den Einwohner und das Jahr betrug 1912/13 rd. $75 m^3$ in Deutschland, zur selben Zeit in England 200 bis $300 m^3$, wodurch schon gezeigt ist, welche Entwicklungsmöglichkeiten der Gasversorgung im Deutschen Reich noch bestehen.

Öffentliche Gasversorgungen liefern den Verbrauchern meist Steinkohlengas, oft auch mit Zusätzen von Wassergas, seltener Generatorgas, beide aus dem bei der Steinkohlengaserzeugung anfallenden Koks erzeugt. Zur Erzeugung dienen heute Gaswerke oder Kokereien, denn beide arbeiten mit der trockenen Destillation der Steinkohlen. Sie verwenden dazu höhere Temperaturen und liefern als Erzeugnisse: Gas und Koks, sowie im Arbeitsvorgang der unbedingt notwendigen Reinigung des Rohgases: Teer und

---

[1]) Eine Wärmeeinheit (WE) ist diejenige Wärmemenge, der 1 kg Wasser zugeführt werden muß, um seine Temperatur um $1^0 C$ zu erhöhen.
[2]) Aus Zeitschr. des Vereins deutscher Ingenieure, 1925, S. 541, Abb. 1.

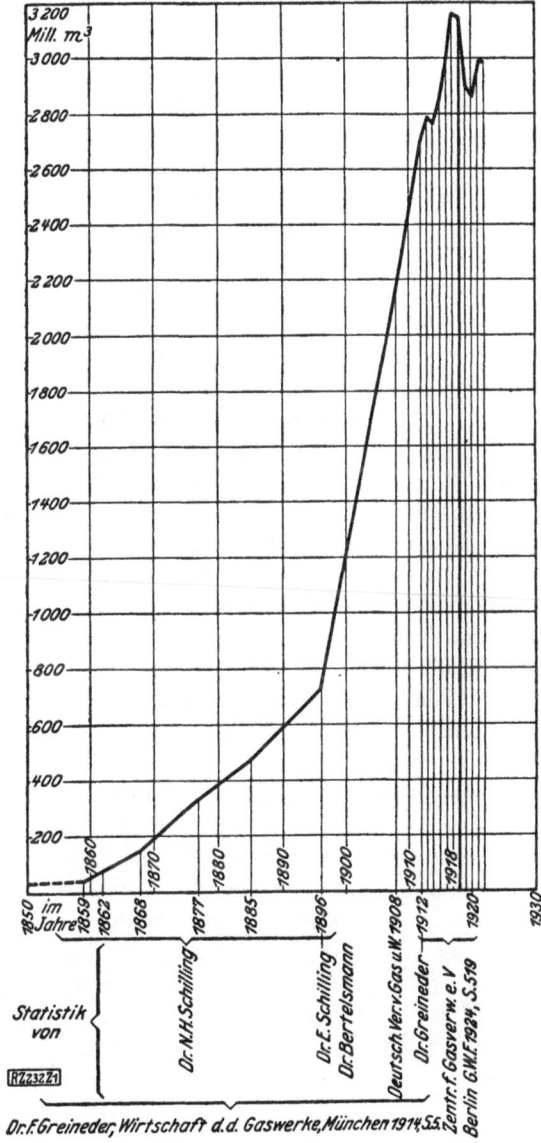

Abb. 5. Gasversorgung der deutschen Gaswerke.

12

Ammoniak, sowie gegebenenfalls, je nach der Verwertungsmöglichkeit auch Benzol. Die Befreiung des Gases von Schwefelwasserstoff ist Bedingung; die Entfernung von Cyan und Naphthalin wird oft ausgeführt, wenn die Anwendung solcher Verfahren erwünscht ist oder eine Verdienstmöglichkeit besteht. Verwenden die Kokereien zur Heizung der Koksöfen, ebenso wie dies in Gaswerken geschieht, Generatorgas (aus Koks erzeugt), so entfällt jeder wesentliche Unterschied zwischen dem Gaswerk und der Kokerei bezüglich des Betriebes und meist auch hinsichtlich der Menge der Erzeugnisse. Die Gaswerke gaben seinerzeit den Kokereien die durchgebildeten Anlagen für die Gewinnung der Nebenprodukte, als die Zechenkokereien bei der Verkokung der Steinkohle dazu übergingen, Ammoniak und Teer für das Nationalvermögen sicherzustellen. Später gaben aber die Kokereien den Groß- und Zentralgaswerken den durchgebildeten Koksofentyp als Großraumentgasungsanlage, deshalb besteht heute für solche Anlagen kein strenger Unterschied zwischen Gaswerk und Kokerei. Schon Lord Dundonald verwendete 1786 Koksofengas als Beleuchtungsmittel und heute ist das Kokereigas der Zechenkokereien in vollem erfolgreichen Wettbewerb, zunächst in den Kohlenrevieren und den angrenzenden Landesteilen, doch ist auch eine Fernversorgung über größere Strecken bis 500 km ausführbar. Damit rückt eine zentrale Aufarbeitung der Steinkohlen in den Zechenrevieren zwecks Gewinnung von Koks, Gas und Nebenprodukten (Teer, Ammoniak, Benzol) in aussichtsreiche Zukunft.

Es jähren sich jetzt hundert Jahre der öffentlichen Gasbeleuchtung und der Versorgung der Bevölkerung mit Gas in Deutschland. Der Versorgungskreis hat sich in diesem Zeitraum wesentlich erweitert; ursprünglich nur den Bewohnern der großen und größeren Städte zur Verfügung gestellt, dehnte sich die Gasversorgung immer weiter aus, und findet jetzt, durch die Lösung des Gastransportproblems mittels der Gasfernversorgung, auch eine Gasversorgung kleinerer Gemeinwesen statt, was eine Entlastung der Großstädte ermöglicht, also mit der Überland-Elektrizitäts- und Wasserversorgung und dem Transportwesen das Siedlungsproblem erleichtert. Die öffentliche Gasversorgung hat sich in zäher Arbeit dauernd den veränderten Verhältnissen angepaßt, sie hat der Bevölkerung Nutzen gebracht und die Existenzbedingungen erleichtert, so daß sie heute ungebrochen dasteht und auch für die Zukunft noch Wertvolles zu leisten verspricht.

Wenn die neuesten Erfindungen auf dem Gebiete der direkten Öl-
gewinnung aus der Kohle (Bergin-Verfahren von Prof. Bergius-
Heidelberg, Synthol-Verfahren von Prof. F. Fischer-Mülheim
(Ruhr) und Methanol-Verfahren der Badischen Anilin- und
Sodafabrik in Ludwigshafen a. Rh.) eine Umwälzung auf dem
Gebiete der Umwandlung der Kohlenenergie verspricht, so steht
diese jedoch nicht in naher Zukunft zur praktischen Auswirkung.
Zudem bleiben solche Nachgeborenen erfahrungsgemäß nur Mit-
läufer, die sich jedoch — wie z. B. auch das Bergin-Verfahren —
mit der Gaserzeugung vereinigen lassen. Es erscheint deshalb
müßig, der Gasversorgung ein schlechtes Fortkommen zu pro-
phezeien, denn gleiches geschah auch schon früher beim Aufkommen der Elektrizitätsversorgung.

Hundert Jahre Konstruktionspraxis haben im Gasfach einen
ständigen Wandel und Fortentwicklung gezeitigt. Wenn auch
Murdocks Horizontalretortenofen und Cleggs Gasmesser in
gewissem Sinne noch heute gebaut werden, so brachten doch die
Jahrzehnte manchen Apparat, der heute nur noch historisches
Interesse beansprucht. Es soll deshalb in großen Zügen für die
Gaserzeugung und Gasverwendung die Entwicklung der Kon-
struktionen und der heutige Stand gezeigt werden.

2. Die Erzeugung des Gases.

Die Erzeugung des Gases bedeutet in der Hauptsache eine
Entgasung der Steinkohlen. Nur für die Mischgaserzeugung
wird auch der anfallende Koks zur Wassergas- oder Generator-
gaserzeugung, also zur Vergasung des Koks benützt.

Die Steinkohlen werden im Entgasungsvorgang veredelt,
weil der rohe Brennstoff in möglichst vollständig und wirtschaftlich verwertbare Formen übergeführt wird. Dies geschieht durch
Erhitzung unter Luftabschluß — trockene Destillation — durch
Trennung der Erzeugnisse und ihre Reinigung. Alle organischen
Substanzen können entgast werden. Wirtschaftliche Verfahren
bedingen aber den Anfall eines verwendbaren festen Rückstandes
— des Koks. Der Koksanfall ist um so größer, je älter der Brennstoff ist. Betrachtet man nur die Steinkohle, so erhält man,
bezogen auf aschefreie Zusammensetzung:

Junge und gasreiche Kohlen:

Flammkohle. . . . 50 Gew.-% Koks, nicht backend,
Gasflammkohle . . 60 » » schwach backend,
Gaskohle . . . . . 70 » » backend;

alte und gasarme Kohlen:

Kokskohle	80 Gew.-%	Koks,	backend,
Magerkohle	90	»	schwachbackend,
Anthrazit	95 »	»	nicht backend.

Für Gas- und Kokskohle werden rd. 17 Gew.-% Gas, 5 Gew.-% Teer und 8 Gew.-% Wasser ausgebracht.

Alle natürlichen festen Brennstoffe stammen fast ausschließlich aus Pflanzenresten. Die Umwandlung erfolgt durch Vermoderung oder Vertorfung, oder durch Fäulnis, oder Bituminierung unter völligem Luftabschluß.

Das Deutsche Reich besitzt Gaskohlenzechen an der Ruhr, in Oberschlesien, Niederschlesien, der Saar und Sachsen. Auslandskohlen kommen aus Böhmen, Mähren und dem ehemaligen Österr.-Schlesien und England nach dem Deutschen Reich.

Die Entgasung. Erhitzung organischer Stoffe in luftdicht abgeschlossenen Räumen gibt eine Zersetzung, die vom Hitzegrad abhängig ist. Zunächst entweicht bei Temperaturen über 100° C das im Brennstoff enthaltene Wasser. Eine weitere Temperatursteigerung liefert die Zersetzung.

Die Entgasung bei höheren Temperaturen (Gaswerk und Kokerei) liefert ein Gas mit: Methan, Äthan und Homologen, Gliedern der Benzolreihe: Benzol, Toluol, Xylol, Naphthalin und Anthrazen, sowie Phenole, die aber aus dem Rohgas mit dem Teer gehen. Die Verbrennungswärme (oberer Heizwert, d. i. die Verbrennung zu flüssigem Wasser) dieses Steinkohlengases beträgt 5000 bis 6000 WE/m³ in Gaswerken erzeugt und von 4000 bis 6000 WE/m³ in Kokereien erzeugt.

Die Entgasung von Steinkohlen bei niederen Temperaturen (Schwelung bei 450 bis 550° C) kommt für Gaswerke und Kokereien nur als Ergänzungsanlage in Betracht, um mittels des heizkräftigeren Schwelgases den Lieferheizwert des »Stadtgases« zu regeln. Das Schwelgas besitzt eine Verbrennungswärme von 3000 bis 8000 WE/m³. Der dabei anfallende »Urteer« ist ölhaltiger als Gaswerks- und Kokereiteer; für den anfallenden »Halbkoks«, jetzt meist Schwelkoks genannt, ist meist nur die Vergasung als Verwendungszweck möglich.

Aus der Eiweißsubstanz der Pflanzen herrührend, enthält die Kohle Stickstoff, der sich zum Teil im Ammoniak, Zyan und Rhodan, den Teer-Basen (Pyridin u. a.) und in größerer Menge im Koks findet. Durchschnittszahlen sind:

	Ruhrkohle	Saarkohle
im Koks	60 %	63 %
„ Gas	23 „	17 „
„ Ammoniak	14 „	16 „
„ Cyan	1,8 „	2 „
„ Teer	1,2 „	2 „

Der Koksstickstoff wird nicht gewonnen; durch Behandeln mit Wasserdampf bei hohen Temperaturen ist dies möglich.

Der in der Kohle enthaltene Schwefel verbleibt im Koks oder findet sich als Schwefelwasserstoff und Schwefelkohlenstoff im Rohgas. Geringere Spuren verursachen als Merkaptane und Senföle den charakteristischen Gasgeruch.

Höhere Entgasungstemperatur beschleunigt die Entgasung und erhöht die Gasausbeute, doch wird damit der Kohlenwasserstoffgehalt des Gases und das Ammoniakausbringen herabgedrückt; der anfallende Teer wird dickflüssiger; der Gehalt an Naphthalin, Zyan und Schwefelkohlenstoff erhöht sich. Heizwert, Leuchtkraft und spezifisches Gewicht des Gases nehmen mit steigender Temperatur ab; unter sonst gleichen Umständen nimmt auch der Schwefelwasserstoffgehalt ab.

Ruhrkohle gibt nach vollständiger Reinigung ein Reingas folgender Zusammensetzung:

	Reingas
Wasserstoff H_2[1])	47,0 Vol.-%
Methan CH_4	34,0 „
Kohlenoxyd CO	9,0 „
Äthylen C_2H_4	3,8 „
Benzol C_6H_6 (Toluol etc.) . .	1,2 „
Kohlensäure CO_2	2,5 „
Stickstoff N_2	2,5 „
	100,0 Vol.-%

Spezifisches Gewicht: 0,44 (Luft = 1).

Die Vergasung. Für die Zwecke des Gaswerks- und Kokereibetriebes kommt hauptsächlich die Vergasung von Koks zu Wassergas (mit Dampf) und Generatorgas (mit Luft) in Betracht zur Erzeugung eines Heizgases für die Beheizung der Steinkohlendestillationsanlagen und für die Bereitstellung eines Verdünnungsgases als Beimischung zum Steinkohlengas. Die Gaswerksöfen werden schon lange mit Koksgeneratorgas geheizt; neuerdings kommt dies auch für die Koksöfen der Zechenkokereien immer

---

[1]) Die angefügten Buchstaben geben die chemischen Zeichen.

16

mehr in Frage, wenn diese das Kokereigas an städtische öffentliche Gasversorgungen abgeben können. Als Verdünnungsgase können Wassergas und Generatorgas benützt werden, da beide Mischgase liefern, die den heutigen Normen des Deutschen Vereins von Gas- und Wasserfachmännern entsprechen: 4000 bis 4300 WE/m³ (oberer Heizwert 0⁰ C, 760 mm QS), spezifisches Gewicht nicht über 0,5 (Luft = 1), und auch gleichwertig im Verbrauch sind. Die Gaswerkspraxis zieht den Wassergaszusatz vor, um vom Koksballast stärker entlastet zu werden.

Generatorgas wird im Schachtgenerator durch Luftzufuhr erzeugt. Die Verbrennungswärme beträgt 800 bis 1200 WE/m³. Es wird auch Luftgeneratorgas genannt. Es kann aber auch Luft- und Dampfzufuhr erfolgen und wird dann in ununterbrochenem Betrieb ein Generatorgas mit einer Verbrennungswärme von 800 bis 1800 WE/m³ erzeugt. Bei reichlicher Dampfzufuhr von überhitztem Wasserdampf entsteht Mondgas[1]), das erhöhtes Ammoniakausbringen liefert und eine Verbrennungswärme von 1200 bis 1800 WE/m³ besitzt. Für Hüttenkokereizwecke kommt auch Gichtgas in Betracht, das ebenfalls ein Generatorgas ist, mit einer Verbrennungswärme von 700 bis 900 WE/m³.

Wassergas wird ebenfalls im Schachtgenerator erzeugt. Es entsteht durch Einblasen von Dampf in eine hoch erhitzte Brennstoffschicht. Das Verfahren wurde bereits 1780 durch Felice Fontana entdeckt. Die Abkühlung des Brennstoffes durch den Dampf zwingt zu periodischer Abstellung der Dampfzufuhr und anschließender periodischer Luftzufuhr. Die Verbrennungswärme des Wassergases ist 2500 bis 2900 WE/m³. Es besteht aber auch die Möglichkeit, Wassergas in der Entgasungsretorte zu erzeugen, nach dem Goffin-Verfahren für Horizontalretorten. Auch in den Vertikalretorten wird vielfach Wassergas am Ende der Ausstehzeit der Kohle erzeugt.

Die gemeinsame Ent- und Vergasung. Vereinigt man die Erzeugungsanlagen zur trockenen Destillation der Kohle mit einem Wassergasgenerator, wobei der glühende Koks aus dem Destillationsraum in den Generator wandert, so kann man ein Mischgas von Steinkohlengas und Wassergas erzeugen. Es wird nach Prof. Strache-Wien Doppelgas genannt und hat eine Verbrennungswärme von 3200 bis 3500 WE/m³. Eine Abart ist das Trigas, das aus Destillations-, Wasser- und Generatorgas

[1]) Erklärung des Namens: der in England lebende Chemiker, deutscher Abstammung, Mond der Erfinder.

besteht mit einer Verbrennungswärme von 2500 bis 3000 WE/m³. Beide Verfahren geben die restlose Ent- und Vergasung der Kohle, die allerdings auch zu erreichen ist bei getrennter Destillations- und Vergasungsanlage. Da die Heizwertnormen und die Rücksicht auf die Rohrnetze, Installationen und Verbrauchsgegenstände die allgemeine Einführung der restlosen Ent- und Vergasung nicht gestattet, so kommen diese Verfahren nur zur Lieferung von Verdünnungsgasen im allgemeinen in Betracht. Es kann aber im Sonderfall neuer Gasversorgungen auch die Belieferung der Verbraucher in Frage kommen.

Die Kohlenlagerung. Die Gaserzeugung ist nicht jahraus, jahrein gleich hoch, es treten Belastungsspitzen auf. Früher rechnete man damit, daß der Tag der Höchstabgabe $1/200$ der Jahreslieferung war, heute hat sich diese Zahl geändert, d. h. günstiger gestaltet, durch Aufnahme der Koch-, Heiz- und Industriegaslieferungen, so daß mit $1/225$ bis $1/250$ zu rechnen ist. Die ungleichmäßigen Tagesziffern der Erzeugung, wie auch die Rücksicht auf die Transportverhältnisse — für die vom Kohlenrevier entfernt liegenden Gaswerke — zwingt zur Stapelung von Kohlen. Man rechnet bis zu drei Monate Lagerbestand für die Hauptverbrauchszeit. Die Lagerung im Freien bringt Wertminderung, deshalb soll der eiserne Bestand gelagert werden. Betriebskohlenhochbehälter sollen für 48 Stunden reichen. Bei der Lagerung droht die Selbstentzündung infolge langsamer Oxydation der Kohle an der Luft unter Temperaturerhöhung. Zu verhüten ist dies durch Luftabschluß, ev. durch Lagerung unter Wasser oder in einer inerten Atmosphäre, z. B. Rauchgase.

Die Förderung von Kohle und Koks. Die verarbeiteten Kohlen und der mit rd. 50% vom Kohlengewicht zum Verkauf kommende Koks bedingen für die Stapelung, Ent- und Verladung mechanische Transportanlagen, ähnlicher Ausführungsform, wie sie auch sonst auf großen Kohlenlagerplätzen verwendet werden. Es kommen Verladebrücken, Konveyor, Becherwerke, Hängebahnen, die überwiegend elektrisch angetrieben werden, zur Ausführung. Die Förderung von Massen ist für Gaserzeugungsanlagen ein sehr wichtiges Teilgebiet des Arbeitsvorganges der Gaserzeugung. Ein Beispiel des Umfanges solcher Betriebsanlagen in einem modernen großen Gaswerk gibt Abb. 6, erbaut von der Maschinenfabrik Augsburg-Nürnberg[1]).

---

[1]) Aus Maschinenfabrik Augsburg-München A.-G. (MAN) in der Gasindustrie Nr. 28 III, 1922, S. 22, Abb. 36.

18

Abb. 6. Kohlen-Transportanlage des Städt. Gaswerks Budapest.

Der Koks. Für die Koksaufbereitung werden Brech- und Siebanlagen verwendet. Man unterscheidet:

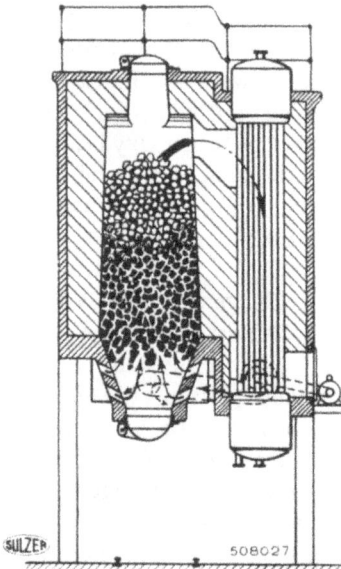

Abb. 7. Sulzers trockene Kokskühlung.

Grobkoks . über 80 mm Stückgröße
Zentral-
heizungskoks 50—80 mm   »
Nußkoks . 30—50 mm   »
Perlkoks . 15—30 mm   »
Koksgrus unter 15 mm   »

Der glühende Koks verläßt den Destillationsraum mit rd. 900 bis 1000° C; es führt dabei 1 kg Koks rd. 333 WE gleich ungefähr 5% seines Heizwertes mit, die beim fast allgemein üblichen Ablöschen mit Wasser vernichtet werden. Erst vor einigen Jahren kamen Vorschläge auf, die eine Nutzbarmachung dieser Wärmemengen betrafen. Zuerst war es Wunderlich-Karlsbad, der sich damit öffentlich beschäftigte. Später nahm sich die Firma Gebr. Sulzer in Winterthur dieser Sache an und brachte die trockene Kokskühlung heraus, die zuerst in Zürich ausprobiert wurde. Hier wird der aus dem Destillationsraum kommende

glühende Koks in einen gemauerten Behälter gefördert, dieser luftdicht abgeschlossen und mittels eines Ventilators die innerhalb der
Anlage (Koksbehälter, Dampfkessel, Rohrleitungen) befindlichen
heißen Gase (inerte, d. h. unverbrennliche Gase) in Umlauf
gesetzt und so der Dampfkessel geheizt. Der glühende Koks wird
auf rd. 250⁰ C heruntergekühlt. Es kann Dampf oder heißes
Wasser erzeugt werden [Abb. 7][1]). Diese Ausnützung der Koks-
wärme deckt ungefähr den Kraftbedarf in einem modernen Gaswerk oder Kokerei.

Die Entgasungsöfen. Die ersten Öfen zur Entgasung von
Murdock und Clegg zeigten bereits die Keime künftiger Ent-

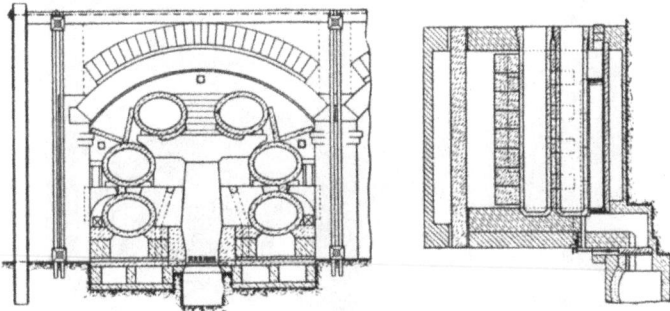

Abb. 8. Rostofen mit Horizontalretorten.

wicklung. Die Beheizung der allgemein aus feuerfestem Ton er-
zeugten Retorten, die anfänglich in kleinerer Zahl im gemeinsamen
Ofengewölbe untergebracht wurden, später bis zu 8 Horizontal-
Retorten, erfolgte durch Rostfeuerung, die mit dem erzeugten
Koks beschickt wurde. Solche Öfen arbeiten ohne Ausnützung der
Abgasewärme der Feuerung zur Luftvorwärmung und damit zur
Brennstoffersparnis. Sie kommen nur mit Rücksicht auf geringere
Herstellungskosten und dann nur für ganz kleine Gaswerke heute
noch in Betracht. Ihr Brennmaterialverbrauch beträgt bis zu
50% vom Gewicht der vergasten Kohle, also fast der gesamten
Kokserzeugung. In moderner Form gibt Abb. 8 einen Rostofen
mit Horizontalretorten[2]), die jetzt meist eine Anlage zur Aus-
nützung der Abwärme besitzen, für die Vorwärmung der Oberluft.
Die Retorten werden von Hand oder auch mit maschinellen Vor-

---

1) Aus Litinsky, Trockene Kokskühlung. Spamer-Leipzig, 1922, S. 32,
Abb. 9.
2) Aus Volkmann, Chem. Techn. des Leuchtgases. Spamer-Leipzig,
1915, S. 61, Abb. 7 u. 8.

richtungen (Lademulden) geladen. Siemens führte die Generatorgasfeuerung in die Industrie ein, die aus der Glasindustrie 1878 von Schilling-Bunte übernommen wurde.

Abb. 9. Modell des Schilling-Bunte Ofens im Deutschen Museum in München.

Abb. 9 gibt das Modell dieses Ofens im Deutschen Museum in München[1]). Sie brachte eine bedeutende Brennstoffersparnis und die Schonung der Retorten. Der Unterfeuerungsverbrauch beträgt für Horizontalretortenöfen bei Vollgeneratoren mit ausgedehnter Luftvorwärmung 14 bis 16% vom Gewicht der vergasten

---

[1]) Aus der Denkschrift des Vereins deutscher Ingenieure über das Deutsche Museum in München, 1925, S. 340.

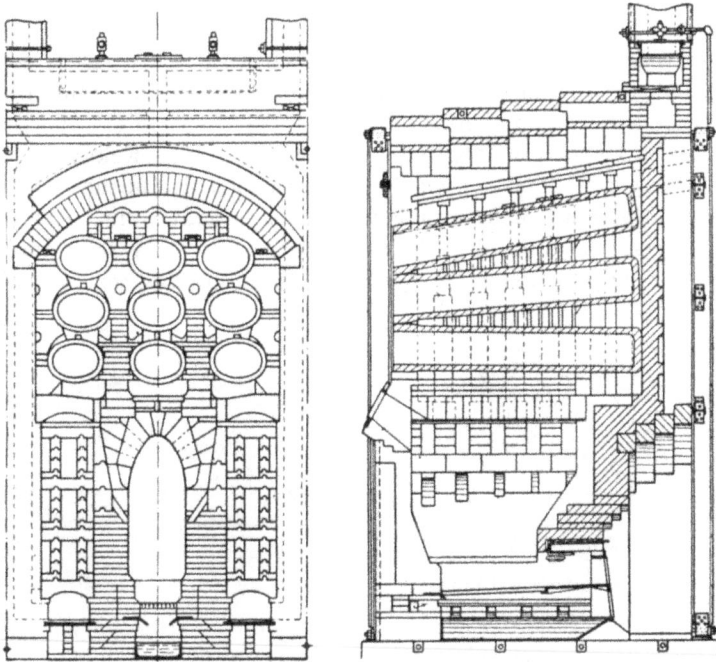

Abb. 10. Vollgeneratorofen mit Horizontalretorten (Innengenerator).

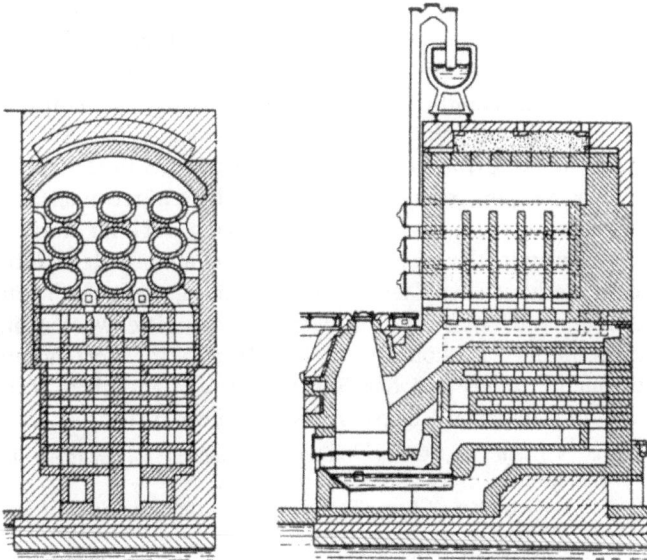

Abb. 11. Vollgeneratorofen mit Horizontalretorten (Außengenerator).

Kohle, bei gewöhnlichen Vollgeneratoren 16 bis 18%, bei Halb-
neratoren 18 bis 22%. Die Luftvorwärmung erfolgt nach dem
Rekuperativprinzip, also im Gegenstrom, was dichte Trennungs-
wände von Luft und Abgasen bedingt. Jeder Ofen erhält einen
eigenen Generator, der entweder innerhalb der Rekuperation
als Innengenerator oder vor der Rekuperation als Außengenerator
angeordnet wird. Meist enthält die Rekuperation auch einen Dampf-
erzeuger, der durch die Abwärme geheizt wird und der Dampfzuführung zum Generator dient, so daß ein Mischgas von Wasser-

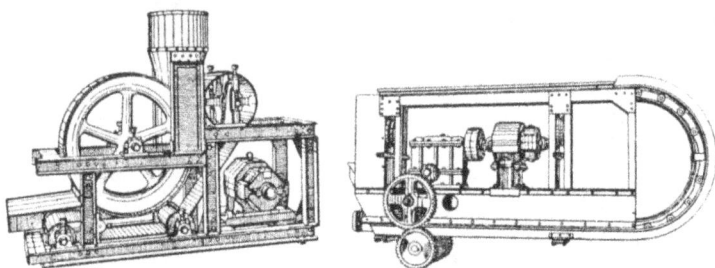

Abb. 12. Lade- und Stoßmaschinen nach de Brouwer — Brügge (Bamag).

und Generatorgas zur Beheizung erzeugt wird [Abb. 10 u. 11][1]).
Später kamen auch solche Öfen mit doppelter Retortenlänge auf,
also 6 m, die Öffnungen an beiden Enden erhielten. Ihre Einführung wurde ermöglicht durch die Ausbildung der Lademaschinen,
besonders der Ladeschleudern und der Stoßmaschinen zum
Herausdrücken des Koks aus den Retorten [Abb. 12[2]) u. Abb. 13][3]).
Besonders in England und Nordamerika ist dieser Ofentyp weit
verbreitet und wird dort auch heute noch viel gebaut.

1890 führte Coze in Reims den Ofen mit Schrägretorten
ein, deren Neigung sich nach dem Kohlenschüttwinkel richtet.
Obwohl man bereits damals, oder kurz danach, auch für Horizontalretortenöfen mit der mechanischen Beschickung der Retorten
und dem mechanischen Ziehen des Koks an vielen Orten begonnen
hatte, zum Teil noch unter Anwendung von Preßwasseranlagen
(Charlottenburg II), konnte sich der Horizontalretortenofen zunächst nicht halten und der Schrägretortenofen führte sich besonders im Deutschen Reich ein, weil eine wesentliche Abkürzung

---

[1]) Aus Volkmann, Chem. Techn. d. Leuchtgases. Spamer-Leipzig,
1915, S. 68, Abb. 22 u. 23 und S. 69, Abb. 24 u. 25.

[2]) Aus Volkmann, Chem. Techn. d. Leuchtgases. Spamer-Leipzig,
1915, S. 71, Abb. 28 u. 29.

[3]) Aus Volkmann, Chem. Techn. d. Leuchtgases. Spamer-Leipzig,
1915, S. 74, Abb. 30 bis 32.

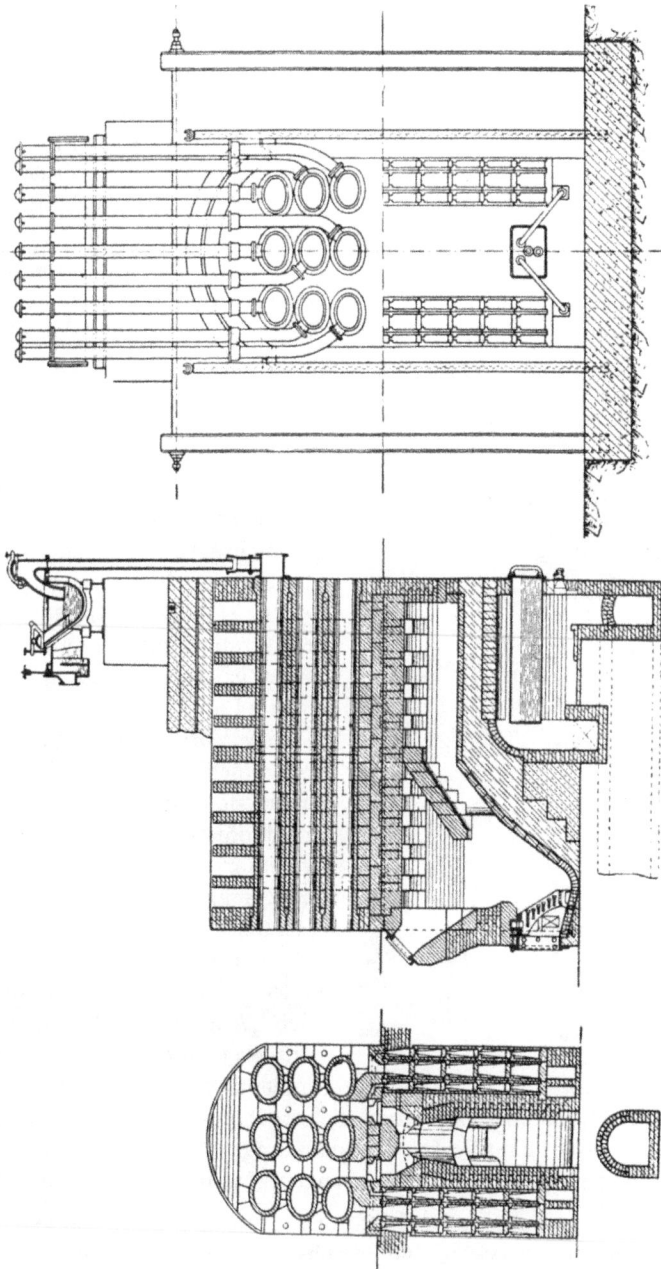

Abb. 13. Ofen mit durchgehenden Retorten.

der Bedienungszeit und Verminderung der Bedienungsmannschaft erreicht wird. Die Beschickung einer Retorte fordert 2 Minuten; zur Bedienung von 3 Öfen (= 3 · 9 Retorten) genügen 3 Mann.

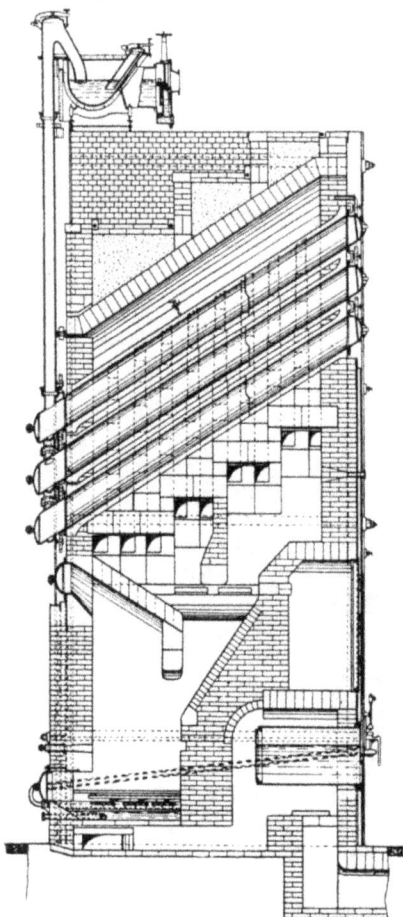

Abb. 14. Schrägretortenofen.

Außerdem gestattete dieser Ofentyp, die Ladegewichte der Retorten zu erhöhen. Für die 3 m lange Retorte des Horizontalretortenofens ist mit 210 kg Kohle zu rechnen, für die 5 m lange Schrägretorte mit 450 kg Kohle. Eine Schwierigkeit bot zunächst die gleichmäßige Beheizung der schrägliegenden Retorten und damit verbundenem schlechtem Rutschen des Koks. Es kamen aber schließlich selbst Doppellängen der Schrägretorten zur Ausführung, wie z. B. die 20 Fuß = 6,1 m langen Retorten der Schrägretortenöfen auf dem Zentralgaswerk Astoria, der Astoria Light, Heat & Power Co. in New York. Im englischen und amerikanischen Gasfach haben sich aber die Schrägretortenöfen nicht besonders eingeführt. Dort hielt man an den durchgehenden Horizontalretorten fest und erhielt schließlich Hilfe in dem modernen Lade- und Stoßmaschinenbetrieb [Abb. 14[1]) u. 15][2]. Der Schrägretortenbetrieb forderte Kohlenzerkleinerung, dazu hochliegende Kohlenbehälter und die zugehörigen Transportmittel, so daß seine Einführung Veranlassung war zu weitgehender Einführung mechanischer Förderungen. Dazu gehört auch für den

---

[1]) Aus Volkmann, Chem. Techn. d. Leuchtgases, 1915, S. 77, Abb. 36.
[2]) Aus der Denkschrift des Vereins deutscher Ingenieure über das Deutsche Museum in München, S. 341.

Abb. 15. Modell des Ofenhauses mit Schrägretorten im Gaswerk Nürnberg[1]).

Kokstransport von den Öfen zur Koksaufbereitung und Stapelung die Einführung der de Brouwerschen Koksrinne, die gleichzeitig dem Ablöschen des Koks diente. Vielfach ist man aber heute wegen des großen Koksgrusanfalls zu anderen Vorrichtungen übergegangen, besonders Kübeltransporten.

Abb. 16[2]) des Dessauer Vertikalretortenofens zeigt die de Brouwersche Rinne im Anschluß an die Koksschurre, die unter

[1]) Das Modell befindet sich im Deutschen Museum.
[2]) Aus Volkmann, Chem. Techn. d. Leuchtgases. Spamer-Leipzig, 1915, S. 80, Abb. 40.

den Retorten fährt. Im Deutschen Reich führte sich der Schräg-
retortenofen von 1895 bis 1905 gut ein, denn er kam als wichtiges
Hilfsmittel zur rechten Zeit heraus, als der Aufschwung in der
öffentlichen Gasversorgung einsetzte, der eine Folge war von
Auers Erfindung des Gasglühlichtes und der Einführung der
Gasküche und des Gasbadeofens.

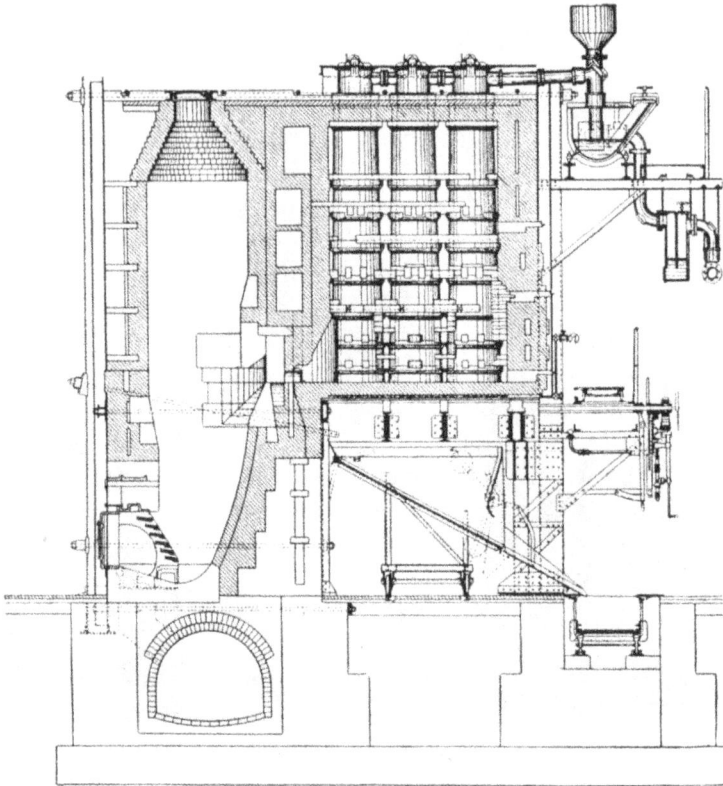

Abb. 16. Dessauer Vertikalretortenofen.

1903 erhielt Dr. Bueb (Deutsche Continental Gasgesellschaft
in Dessau) ein deutsches Patent auf einen Vertikalretortenofen. Die Idee war nicht neu, denn schon 1828 erhielt J. Brunton
ein englisches Patent auf einen ähnlichen Ofen; in der schottischen
Schieferschwelindustrie baute Young seit Anfang der 70er Jahre
Vertikalretortenöfen und in Amerika wurde 1884 ein Vertikalofen
patentiert. In den Jahren 1904 bis 1905 verbesserte Bueb seine

Ofenkonstruktion mit 4 m langen Retorten und 1905 bis 1906 mit 5 m langen Retorten. Er schuf damit den ersten betriebssicheren Vertikalretortenofen, der den Namen »Dessauer Vertikal- ofen« führt. Später war E. Körting-Berlin wesentlich an der

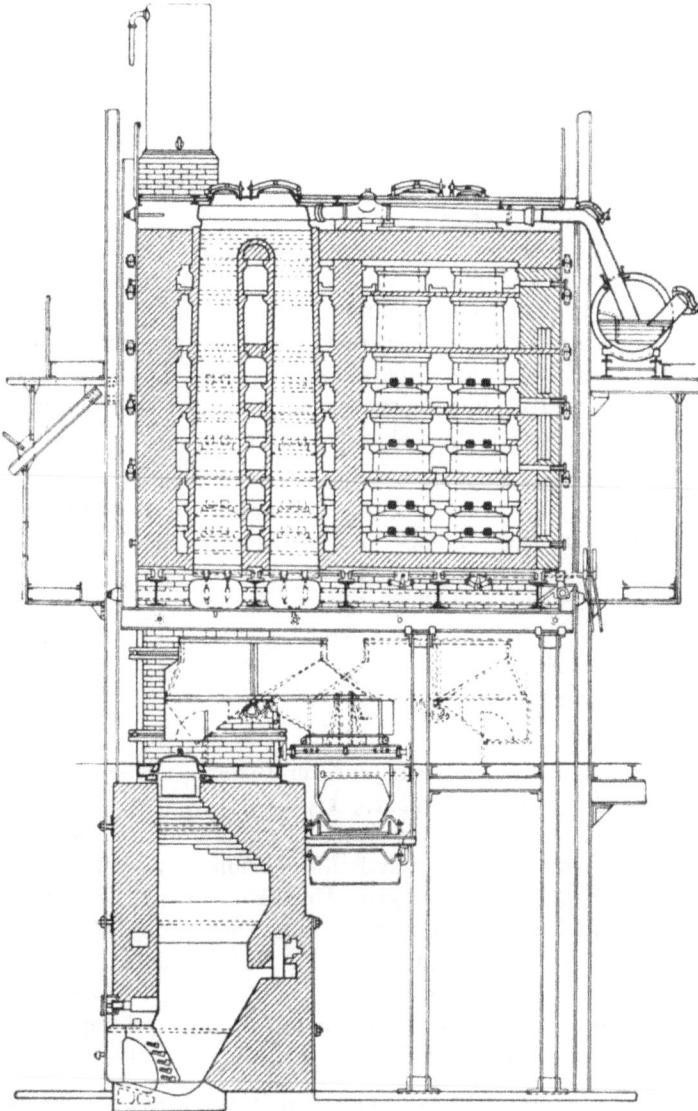

Abb. 17. Pintsch-Bolz Vertikalretortenofen.

weiteren Ausbildung dieses Ofentyps beteiligt. Abb. 16 zeigt den
Dessauer Vertikalofen. Auch dieser Typ vergrößerte die Retorten-
ladungen und ermäßigte die Zahl der Arbeitskräfte; er brachte die
Wassergaserzeugung in der Retorte und damit ausgedehntere
Mischgaserzeugung, eine Erhöhung des Ammoniakausbringens,
Verminderung des Schwefelgehaltes im Rohgase, Ermäßigung des
Naphthalingehaltes im Gase und einen ölhaltigen Teer. Diese
Öfen sind auch haltbarer wie Horizontal- und Schrägretortenöfen.
Sie führten sich im bisher von Schrägretortenöfen beherrschten
Gebiet rasch ein.

1907 brachte Bolz ein neues konkurrenzfähiges Vertikalofen-
system heraus, dessen wesentliche Neuerung die Ermöglichung der
Füllung des Ofengenerators mit glühendem Koks ist [Abb. 17][1]).
Der Weg vom Kleinraum- zum Großraumofen war für das Gasfach zurückgelegt. Der Raumbedarf hatte sich wesentlich vermindert, ebenso die Arbeiterzahl; dafür hatte man mehr mechanische Transporte und Reparaturen daran in Kauf zu nehmen.
Der Fortschritt in der Gaserzeugung wird durch eine Zusammen-
stellung von Schilling im Jahre 1913 gegeben:

Je 100 t Kohle in 24 Stunden entgaste Kohle:

		m³ Gas	t Heizkoks	Arbeiterschichten
Rostofen von Clegg	1818:	24000	43	130
Rostofen mit 7 Retorten . .	1862:	28000	22	45
Generatorofen von Schilling-Bunte	1879:	30000	13	40
Schrägretortenofen.	1884:	30000	14	15
Vertikalofen (Breslau) . . .	1903:	33000	14	9
» » . . .	1911:	35000	14	4

Das Verhältnis der beanspruchten Bodenfläche war bei diesen
6 Ofentypen etwa wie 4:2:1,5:1,3:1,6:1.

Es kamen eine Reihe weiterer Vertikalretortenofenkonstruk-
tionen auf, die sich auf wandernde Ladung, also auf ununter-
brochene Beschickung bezogen. Ungefähr zur gleichen Zeit wie
Bueb nahm man in England die Bearbeitung dieses alten Pro-
blems auf. Schon Clegg wollte im Horizontalofen Kohle auf
einem Wanderrost entgasen; Brunton machte 1840 den Vorschlag, die Kohle in eine horizontale, hinten schräg geneigte
und in Wasser tauchende Retorte durch einen Kolben hineinzu-

---

[1]) Aus Volkmann, Chem. Techn. d. Leuchtgases, Spamer-Leipzig, 1915,
S. 91, Abb. 46.

schieben; Rowan erhielt 1885 ein englisches Patent auf eine Vertikalretorte, die mit einem Kohlenfülltrichter verbunden ist, unten in Wasser taucht und in der Mitte stark bauchig erweitert ist. Für die Koksaustragung wurden auch Schnecken oder in den Retorten bewegliche Rechen vorgeschlagen. 1902 führten Settle und Padfield in Exeter, England, den ersten praktischen Ver-

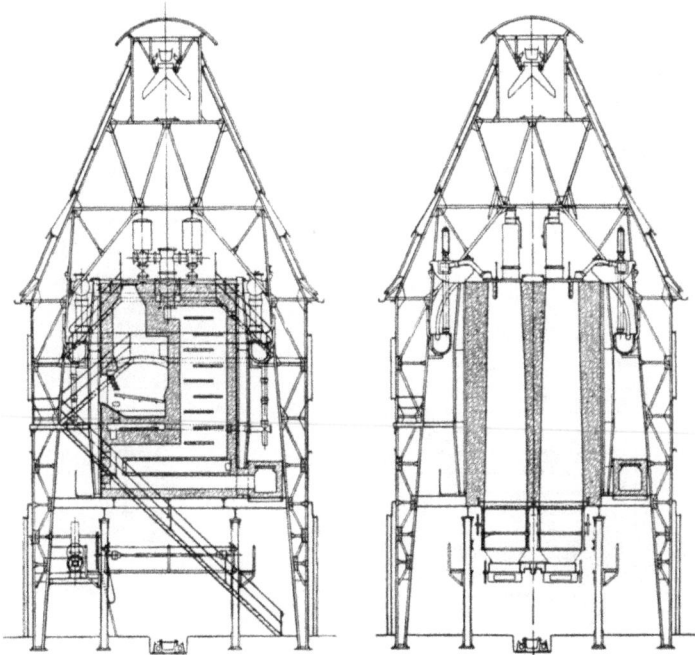

Abb. 18. Woodall-Duckham Vertikalretortenofen.

tikalretortenofen dieser Konstruktion aus; 1903 bauten erfolgreich Woodall und Duckham ihr erstes Ofenmodell; 1905/06 hatten Young und Glover wenig Erfolg, aber darauf fußend erhielten Glover und West 1909 ein englisches Patent. In England führten sich die Konstruktionen von Woodall-Duckham und Glover-West erfolgreich ein [Abb. 18][1]).

In Deutschland konnte sich dieser Ofentyp zunächst nicht sehr einführen. Erst in neuerer Zeit sind von fast sämtlichen größeren deutschen Ofenbaufirmen auch Vertikalretortenöfen

[1]) Aus Volkmann, Chem. Techn. d. Leuchtgases, Spamer-Leipzig, 1915, S. 94, Abb. 49.

mit wandernder Ladung herausgebracht worden, sogar als Vertikalkammerofen, als sich auch im Gasfach das Bestreben
geltend machte, zu Ladungen überzugehen, die größer als bei den
Retortenöfen sind.

In dieser Hinsicht war auch der Schrägretortenofen bereits
zum Münchener Schrägkammerofen ausgebildet worden.
Seit 1896 arbeitete Ries daran, konnte aber erst 1901 den ersten

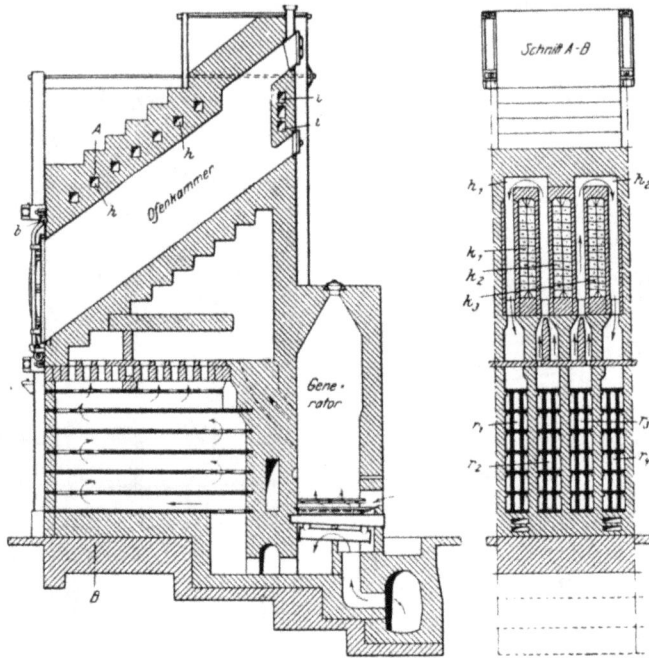

Abb. 19. Münchener Schrägkammerofen.

Ofen errichten. Seit 1903 wird diese Konstruktion gebaut [Abbildung 19][1]. Ries gebührt das Verdienst, damit den Kammerofen in die Gaswerkspraxis eingeführt zu haben.

Der Gedanke, Großraumöfen zu bauen, reicht bis 1850 zurück
— Versuche von Pauwels und Dubochet —; 1892 erbaute
Klönne einen Versuchsofen in Schalke. Den wirklichen Anstoß
zur praktischen Einführung gaben aber erst die Erfolge Schniewindts, von der amerikanischen Otto-Gesellschaft, der seit 1895
Kokereien baute, die Koksofengas für öffentliche Gasversorgungen

[1] Aus Volkmann, Chem. Techn. d. Leuchtgases, Spamer-Leipzig, 1915,
S. 103, Abb. 56.

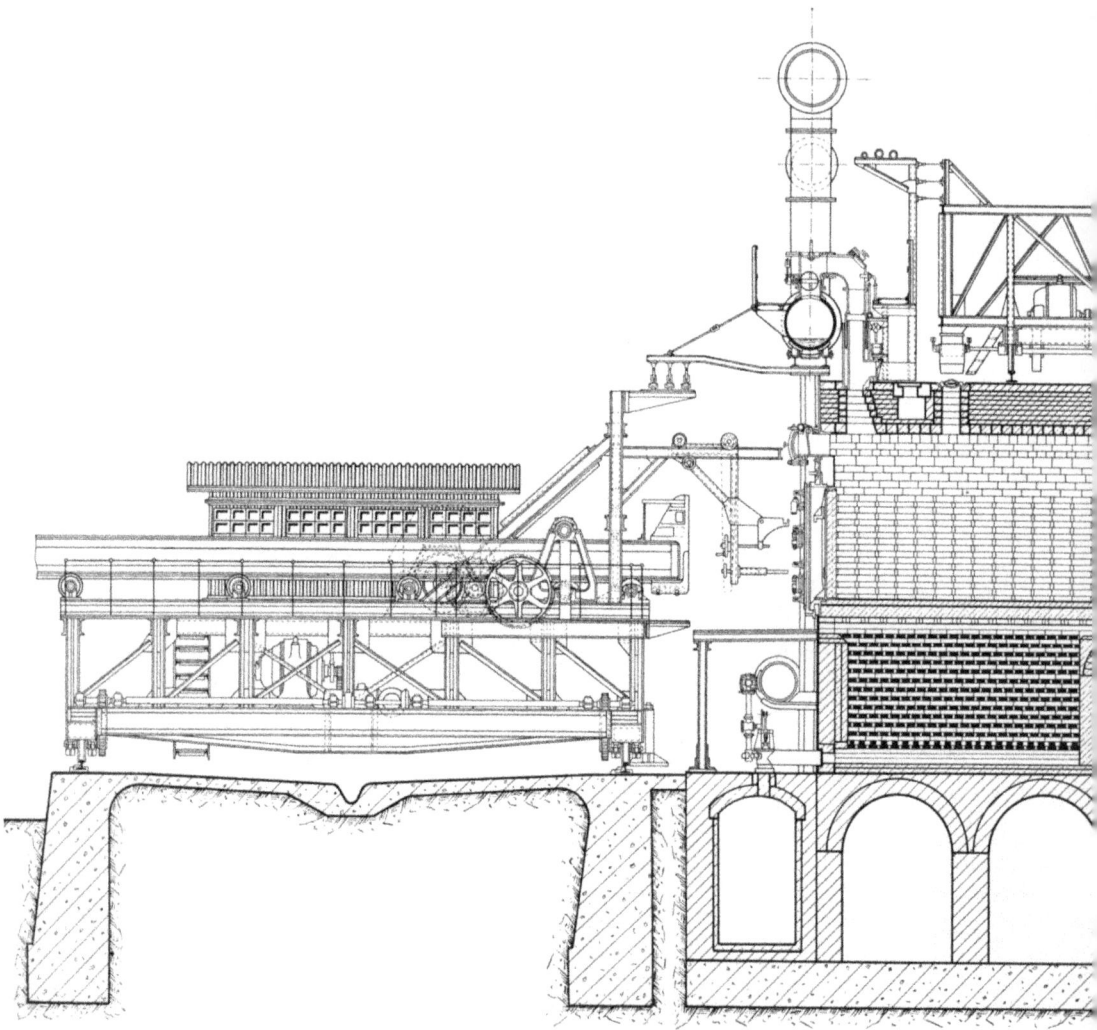

Abb. 20. Koppers

Tafel I.

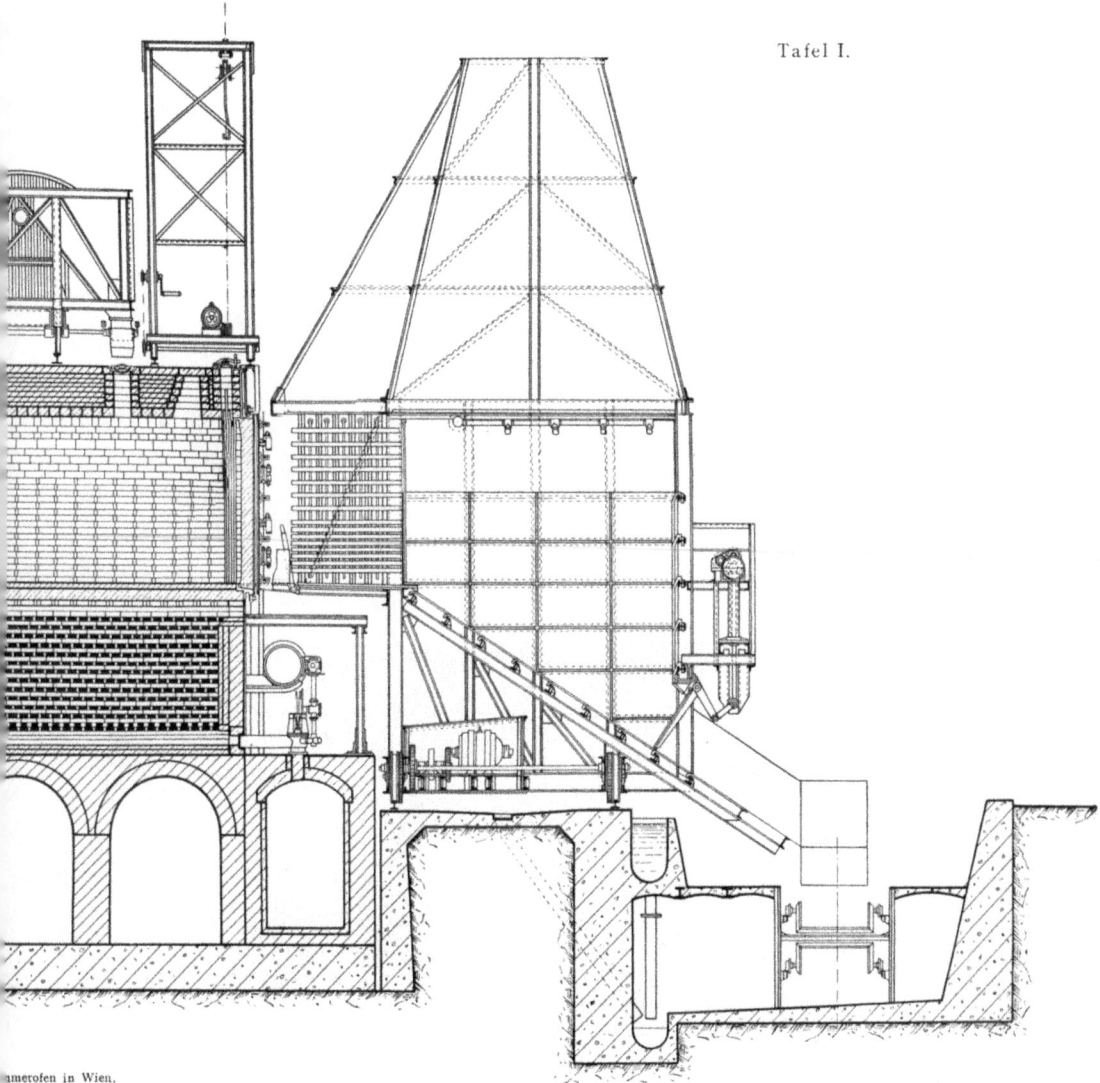

mmerofen in Wien.

lieferten. Er führte die Trennung in Arm- und Reichgas ein, wobei dieses den Gasversorgungen zugeführt wurde. Sämtliche deutschen Koksofenbaufirmen haben sich dann auf diesem Gebiet betätigt, besonders die Firma H. Koppers in Essen, die, zuerst in Wien und Budapest und auch an anderen Orten, Koksöfen als Gaserzeugungsöfen im Gaswerk baute [Abb. 20][1]).

Für Großraumöfen ist je 1 t Kohle (trocken) zu rechnen mit:

Zur Feuerung (trocken)

Dessauer Vertikalretortenofen : 376—400 m³
Gas (15° C. 760 mm) . . . . 121—146 kg Koks
Dessauer Vertikalkammerofen : 376—400 m³
Gas (15° C. 760 mm) . . . . 121—146 ,, ,,
Pintsch-Bolz-Vertikalretortenofen : 351 bis
397 m³ Gas (15° C. 760 mm) . . . . . 111—126 ,, ,,
Münchener Schrägkammerofen: 331—355 m³
Gas (15° C. 760 mm) . . . . 137—153 ,, ,,
Horizontalkammerofen (Koppers) ca. 330 bis
336 m³ Gas (15° C. 760 mm) . . . . . 113 - 118 ,, ,,
Glover-West-Vertikalretortenofen : 377 bis
418 m³ Gas (15° C. 760 mm) . . . . . 112—137 , ,,
Woodall-Duckham-Vertikalretortenofen
(Dresden-Adolfshütte): 442 m³ Gas (15° C.
760 mm) . . . . 110 ,, ,,

Bezüglich der allgemeinen Ofenkonstruktion ist darauf hinzuweisen, daß der größte Fortschritt seinerzeit zunächst die Einführung der Tonretorte gewesen ist. Die ersten Versuche stellte Grafton 1818 an. Schon im Jahre 1859 waren Retorten im Betrieb, die aus einzelnen Steinen zusammengesetzt waren, also Vorläufer der Koksofenkonstruktionen. Lange Zeit herrschte als feuerfestes Ofenbaumaterial Schamotte, bis in neuerer Zeit, auch im Deutschen Reich, nach dem Vorbild der Amerikaner Silika als Baumaterial mehr verwendet wird. Dieses gestattet geringere Steinstärken, ermöglicht dadurch und wegen besserer Wärmeleitfähigkeit Abkürzung der Garungszeit, also bessere Ausnützung der Ofenanlagen und verringerten Brennstoffverbrauch für die Ofenheizung. Schamotte hat feuerfesten Ton als Grundstoff (basisches Material). Silika ist der von Amerika übernom-

---

[1]) Aus Volkmann, Chem. Techn. d. Leuchtgases, Spamer-Leipzig, 1915, Tafel 1.

mene Name für früher vielfach Quarzit oder englischer Dinas genanntes feuerfestes Material mit Kieselsäure als Grundstoff (saures Material).

Auf dem Gebiete der Koksablöschung für Großraumöfen kamen eine Reihe Konstruktionen heraus, die sich aber für Kokereibetriebe nicht besonders eingeführt haben. Als letzte Neuerung kommt die Sulzersche trockene Kokskühlung in Betracht, die bereits früher erwähnt wurde[1]).

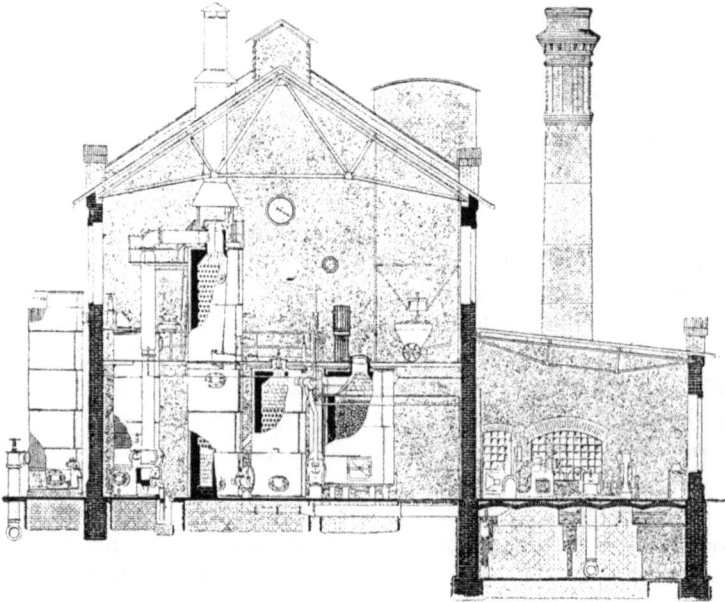

Abb. 21. Lowe Wassergasanlage (Humphreys und Glasgow, J. Pintsch).

Schon hier soll auch noch darauf hingewiesen werden, daß, in Anlehnung an das Vorgehen Schniewindts in Nordamerika, auch im Deutschen Reich recht früh die Einführung des Kokereigases aus Zechenkokereien in städtische öffentliche Gasversorgungen zur Ausführung kam. Zuerst in Essen, seit ungefähr 1907, nachdem Versuche viel früher begonnen wurden, die aber erst nach Einführung der Trennung der Gaserzeugung in Arm- und Reichgas erfolgreich waren. Damals verlangten die Gaswerke noch sehr hohe Heizwerte: mindestens 5200 WE (oberer,

---

[1]) Abb. 7.

0[0] C, 760 mm QS), heute sind die Ansprüche schon etwas ermäßigt, 4500 bis 5000 WE, so daß vielerorts die Trennung in Arm- und Reichgas bereits verlassen werden konnte, wo die verwendeten Kohlen dieses zulassen. Trotzdem sind diese Kokereigaslieferungen noch immer höherwertig wie die neue Norm von 1925 des Deutschen Vereins von Gas- und Wasserfachmännern (4000 bis 4300 WE, ob., 0[0], 760 mm), die sich auf Mischgaslieferungen bezieht.

Die Wassergaserzeugung. Obwohl das Wassergas schon seit Ende des 18. Jahrhunderts bekannt war, konnten erst 1871 Lowe und Strong in Phönixville in Nordamerika die erste betriebsfähige Wassergasanlage schaffen, in Verbindung mit der Karburierung des Wassergases mittels Öldämpfen; das ölkarburierte Wassergas war Ersatz des Steinkohlengases. Dieses Verfahren führte sich in Amerika gut ein und wurde durch die Firma Humphreys und Glasgow in New York und London weiterentwickelt [Abb. 21][1]. Für die deutschen Verhältnisse kam es nicht besonders in Betracht, mit Rücksicht auf die Ölkosten, höchstens als Reserveanlage.

Stärker führte sich die Erzeugung des sogenannten blauen Wassergases ein, d. h. des unkarburierten, für die Herstellung eines Mischgases. Es gibt eine ganze Reihe Konstruktionen: von J. Pintsch, A.-G., Berlin, Dellwik-Fleischer, A.-G., Frankfurt a. M., Prof. Strache in Wien und Kramer und Aarts in Holland. Grundprinzip ist: Ein eiserner Zylinder erhält innen eine feuerfeste Ausmauerung, unten einen Rost, auf dem die Brennstoffsäule (Koks) ruht, oben die Brennstoffbeschickungsvorrichtung und die nötigen Dampf- und Luftanschlüsse. Es wird nun abwechselnd mit Luft heiß geblasen und mit Dampf Wassergas erzeugt [Abb. 22][2].

Verschiedene andere technische Gase. In Nordamerika, Galizien, Siebenbürgen und auch an anderen Orten in Einzelfällen kommt Naturgas von rd. 6000 bis 10000 WE/m[3] vor und zur Verwendung.

Aus flüssigen Brennstoffen kann man auf kaltem oder heißem Wege Gase erzeugen. Durch Verdampfung von Benzin erhält man auf kaltem Wege Benzinluftgas von 2000 bis 3000 WE/m[3]. Durch Zersetzung von Öldämpfen unter Luftabschluß mittels

---

[1] Aus J. Pintsch-A.-G., Berlin, Denkschrift Nr. 600, Dezember 1915, S. 358, Abb. 701.
[2] Aus Berlin-Anhaltische Maschinenbau-A.-G. (Bamag) Berlin, Denkschrift zur Halbjahrhundertfeier, S. 437, Abb. 1.

Überhitzung (»cracken«) entsteht Ölgas von 8000—1200 WE/m³.
Die trockene Destillation des Mineralöles »Die Ölgaserzeugung«
wurde von J. Pintsch-Berlin seit 1871 eingeführt für die Eisen-
bahnwagenbeleuchtung und die Befeuerung der Meeresküsten
(Bojen).

Komprimiert man das Ölgas nach dem Blauschen Verfahren
(Blaugas) auf mehr als 100 Atmosphären (at) = 100 kg/cm²,
so werden leicht flüchtige Kohlenwasserstoffe flüssig ausgeschieden, die in Stahlflaschen bis zu 2 at Druck gefüllt werden;
aus den Versandflaschen wird das Gas in einen Druckkessel gefüllt

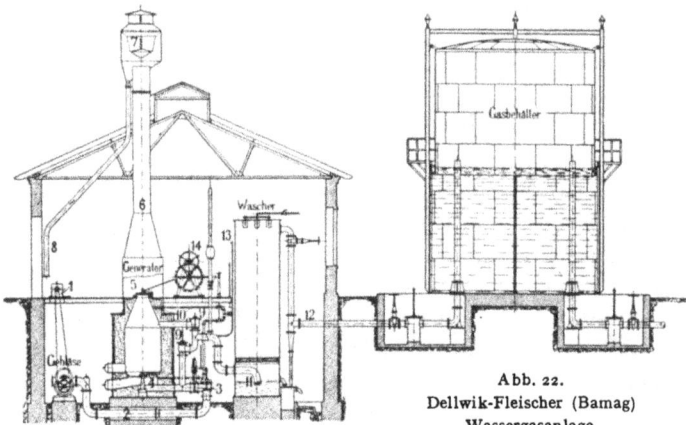

Abb. 22.
Dellwik-Fleischer (Bamag)
Wassergasanlage.

und dient der Versorgung, es besitzt 10000 bis 11000 WE/m³.
Auch aus Kokereigas werden ähnliche Kohlenwasserstoffgase
gewonnen.

In waldreichen Gegenden hat sich die Erzeugung von Holzgas mit 3000 bis 3600 WE/m³, bei der Herstellung der Holzkohle
erhalten.

Aus Nichtbrennstoffen wird erzeugt: Azetylen beim Ein-
wirken von Wasser auf Kalziumkarbid, mit 1200 bis 13000 WE/m³
und Wasserstoff mit 3090 WE/m³ durch Zersetzung des Wassers
mittels Elektrolyse oder als Nebenprodukt elektrolytischer Vor-
gänge. Er kann aber auch aus Wassergas hergestellt werden.

Die Schwelgaserzeugung ist mit der Tieftemperaturverkokung verbunden, welche wegen des Urteers vorgenommen

wird, aber allerdings mit dem Ballast des Schwelkoksanfalles belastet ist. Auch die Tieftemperaturverkokung ist nicht neu, mit Holz wurde sie seit alter Zeit, z. B. im sogenannten Schmeerofen, vorgenommen, und ist bei Kirdorf in Oberhessen ein solcher Ofen noch heute zu sehen. In England legte man auf die Halbkokserzeugung großen Wert, um einen rauchlosen Brennstoff für die Kaminfeuerung zu erzielen, und beschäftigte sich seit rd. 20 Jahren eingehend, wenn auch wirtschaftlich nicht sehr erfolgreich, mit diesem Problem. Im Deutschen Reich der Kriegszeit gab der Zwang, Schmier- und Treiböle zu schaffen, den Anstoß zu intensiver Arbeit auf diesem Gebiet. Zunächst wandte man sich dem Generatorprozeß zu und entgaste die Beschickungskohle in besonderen Einbauten, bevor man sie vergaste. Auch beim Mondgasprozeß war schon seit langem der Urteeranfall bekannt. Der Generatorprozeß war aber mit großen Schwierigkeiten verknüpft und bald wandte man sich der Schwelung in der Drehtrommel zu, die den Zementdrehöfen ähnelt, und infolge der Versuche von Prof. F. Fischer-Mülheim (Ruhr) mit einem ähnlichen Laboratoriumsofen zur Einführung kam. Bekannte Konstruktionen sind von Dr. Roser (Thyssen & Co., Mülheim [Ruhr]), Young (Fellner & Ziegler, Frankfurt a. M.), Cantieny (Kohlenscheidegesellschaft, Berlin). In vertikaler Form baut die Bamag-Meguin-Akt.-Ges., Berlin, den Schwelofen. Eine besondere Konstruktion eines horizontalen Ofens mit Entgasungskammern stammt von Dobbelstein und ist im Ruhrrevier auf einer Kokerei als Versuchsofen in Betrieb.

Für Gaserzeugungsanlagen öffentlicher Versorgungen bietet die Schwelung nur insoweit Interesse, als das Schwelgas mit seinem höheren Heizwert (bis zu 8000 WE/m^3) als Karburierungsmittel verwendet werden könnte, in ähnlicher Weise, wie dieses früher bezüglich der Leuchtkraft mit Ölgas geschah. Die Tendenz im Gasfach, die Heizwerte herabzusetzen, steht einer solchen Richtung allerdings im Wege. Wenn es sich aber um einen großen Versorgungsradius handelt, wird vielleicht doch noch eine Umkehrung solcher Herabsetzungsbestrebungen eintreten; dabei kann trotzdem dem Grundsatz der Heizwertherabsetzung, also der Mischgaserzeugung, Genüge getan werden, weil selbst restlose Ent- und Vergasung zulässig wäre, ohne den Gasheizwert für die Verbraucher herabsetzen zu müssen.

3. Die Reinigung des Gases.

Anfänglich wurde das Gas nicht gereinigt; schon 1806 führte aber Clegg die Reinigung des Gases mit Kalkmilch ein, konstruierte 1807 einen selbständigen Kalkmilchwäscher und verbesserte im Laufe der Jahre diese Reinigerkonstruktion. 1817 nahm Phillips ein Patent auf das Verfahren der trockenen Reinigung mit Kalk. 1818 erhielt Palmer ein englisches Patent auf die Reinigung mit rotglühendem Eisenoxyd und Regenerierung desselben mit Luft. 1859 war die Reinigung des Gases schon soweit durchgebildet, daß die Kühlung, Absaugung von den Öfen, Reinigung mit Eisenoxyd und Kalk und nachträgliche Waschung (Skrubber) eingeführt waren.

Von den Öfen beginnend, wird das erzeugte Gas in Rohrleitungen gefaßt. Zur Apparatur des Ofens gehören die Verschlüsse der Retorten- oder Kammerenden, die Gasabführungen — »Steigrohre« genannt — und die Gassammler mit Wasserabschlüssen; die Steigerohre auf den Gaswerksöfen stehend bzw. die Gassammler auf den Koksöfen, in beiden Fällen »Teervorlagen« genannt, deren Konstruktion auf Clegg zurückzuführen ist.

Bereits in den Steigerohren und Teervorlagen beginnt die Abkühlung des Gases auf rd. 100° C. Aus dem Gase abzuscheiden sind Wasser, Teer, Naphthalin, Schwefelverbindungen, Ammoniak und Zyanwasserstoff. Harmlosere Verunreinigungen, die durch Verdünnung Heizwert und Leuchtkraft herabsetzen, sind Kohlensäure, Sauerstoff und Stickstoff. Der Sauerstoff ist unerwünscht wegen der Innenrostung von Apparaten und Leitungen.

Die Kühler bezwecken die Abscheidung aller bei gewöhnlicher Temperatur nicht beständigen dampfförmigen Bestandteile durch Kühlung des Gases auf 10 bis 15° C. Dadurch wird der größte Teil des Teeres und Ammoniakwassers (Gaswasser) abgeschieden. Das Gaswasser nimmt einen großen Teil der Verunreinigungen des Gases: Kohlensäure, Schwefelwasserstoff, Blausäure, Ammoniak, Naphthalin in Lösung. Das Gas soll zuerst langsam abgekühlt werden (Luftkühler) und hinter den Teerscheidern nachgekühlt werden (Wasserkühler). Großraumkühler dienen zur schnellen und intensiven Kühlung, die auch bei Wassermangel wirksam sind. Um die Naphthalinabscheidung in den Kühlern zu verstärken, wurde neuerdings empfohlen, rasch und intensiv zu kühlen, Raumkühler nicht mit Wasser, aber vom zweiten Kühler ab mit naphthalinarmem Teer zu berieseln. Auch die Beriese-

lung mit Ammoniakwasser, vom zweiten Kühler ab, wird angewendet zur Ammoniakausscheidung. [Abb. 23, 24, 25 u. 26][1]).

Die Teerscheider entfernen den Rest des Teeres aus dem
Gase. Grundprinzip fast aller Konstruktionen ist, daß das Gas

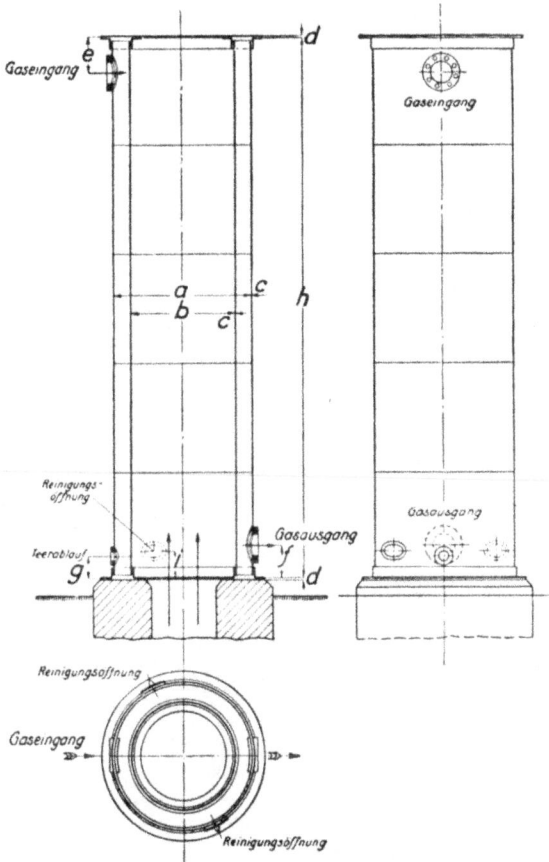

Abb. 23. Stahl-Ringluftkühler.

durch Siebbleche und gegen Prallbleche getrieben wird, zum Teil
unter Mitwirkung der Zentrifugalkraft. Am bekanntesten sind die
Konstruktionen der Apparate von Pelouze und Audouin, die
von allen Gaswerksbaufirmen gebaut werden; in England Wascher

---

[1]) Aus Bamag, Berlin, Denkschrift zur Halbjahrhundertfeier, S. 146,
Abb. 2; S. 149, Abb. 11; S. 151, Abb. 16; S. 153, Abb. 18.

von Anderson, Livesey und Walker; der Drory-Wascher
(Bamag-Berlin), der Chevalet-Wascher (S. Elster-Berlin), der
Bamag-Teerscheider mit rotierender Trommel, der Feld-
Wascher [Abb. 27 u. 28][1]).

Der im Gaswerksbetriebe gewonnene Teer enthält hauptsächlich aromatische Kohlenwasserstoffe, welche sich vom Benzol ab-
leiten (Benzol, Toluol, Xylol, Naphthalin, Anthrazen usw.). Sie

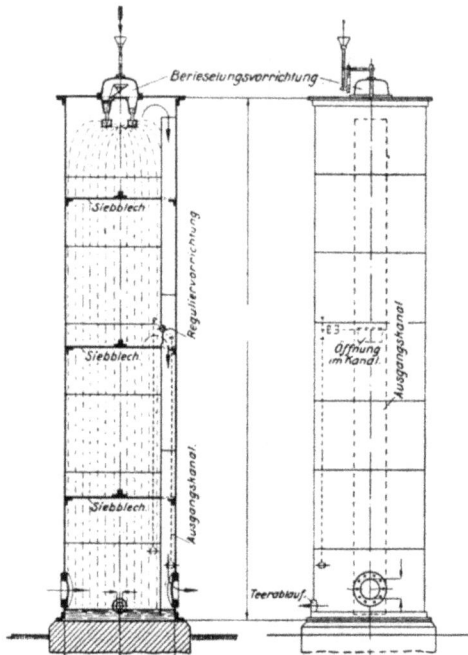

Abb. 24. Stahl-Raumkühler.

unterscheiden sich von den Fettkohlenwasserstoffen durch größere
Beständigkeit gegen hohe Temperaturen und werden als Karburier-
mittel für ärmere Gase, hauptsächlich aber in der chemischen
Industrie als Ausgangsmaterial für Teerfarbstoffe, Sprengstoffe,
Motorentreiböle, Arznei-, Desinfektions- und kosmetische Mittel
verwendet. Zu ihrer Gewinnung wird der Teer der fraktionierten
Destillation unterworfen. Handelsprodukte von Bedeutung sind
(siehe Verordnung zur Regelung der Teerwirtschaft vom 7. Juni

---

[1]) Aus Bamag, Berlin, Denkschrift zur Halbjahrhundertfeier, S. 183,
Abb. 2 u. 3.

1920): Leichtöle (zwischen 75 bis 250⁰ C bis 90% übergehend) zur Benzolgewinnung; Benzolwaschöl (bei 200⁰ C bis höchstens 10% und bei 300⁰ C bis mindestens 90% übergehend — Naphthalingehalt nicht über 10%) für die Benzolentfernung aus dem Gase; Teeröl (von 75 bis 350⁰ C übergehend, Flammpunkt im

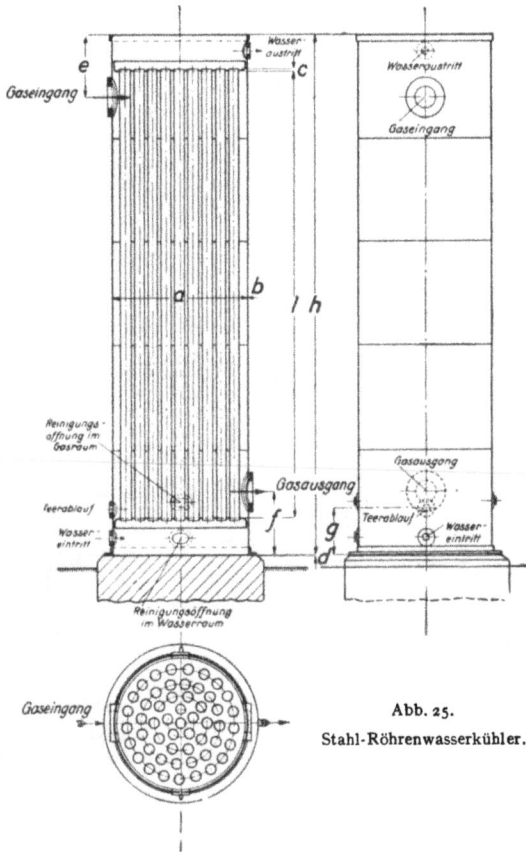

Abb. 25.
Stahl-Röhrenwasserkühler.

offenen Tiegel nicht unter 65⁰ C) als Treiböl für Dieselmotoren; Brikettpech als Destillationsrückstand (Erweichungspunkt 60 bis 75⁰ C für Brikettierungszwecke). Die Teerdestillation wird meist in Blasen von 15 bis 20 t Inhalt vorgenommen, die früher stehend, jetzt auch liegend, von 55 t — ähnlich Flammrohrkesseln — ausgeführt werden. Nachteile sind Angriff des Blasenmaterials und Zersetzung des Destillationsgutes. Diesen Nachteilen zu begegnen, wurde die ununterbrochen arbeitende Destil-

lation vorgeschlagen: Apparate von Sadewasser, Dr. Ku-
bierschky, Dr. Raschig, J. Pintsch A.-G., H. Hirzel, Irinyi
u. a.

Die Ammoniakentfernung aus dem Gase ist erforderlich,
weil es bei der Verbrennung Salpetersäure entwickelt, im Rohgase

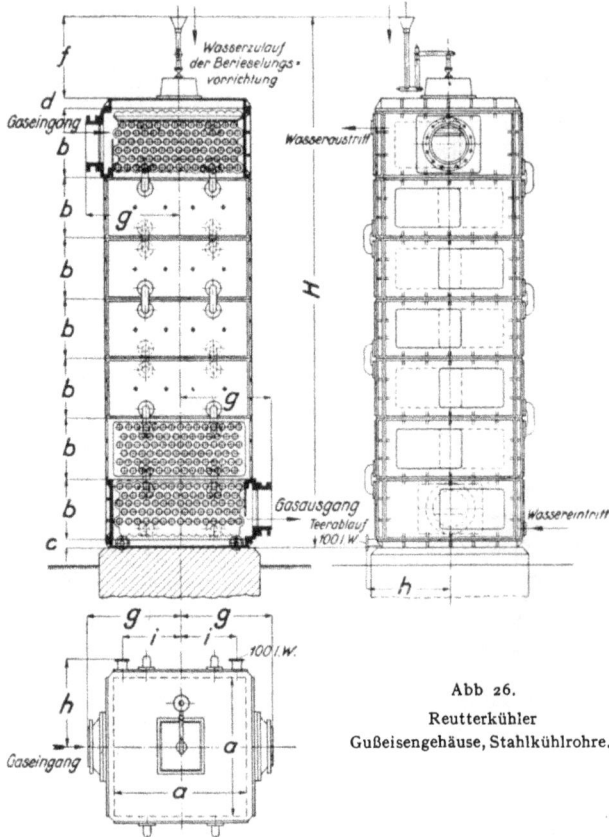

Abb 26.
Reutterkühler
Gußeisengehäuse, Stahlkühlrohre.

die Berlinerblaubildung in der Reinigermasse (trocken Schwefel-
reinigung) stört und die Verbrauchsgasmesser zerstört. Die
Waschung wird erzielt durch innige Berührung von Gas und
Wasser. Reines Gas darf nur mit reinem Wasser in Berührung
kommen. Die Gastemperatur ist zweckmäßig nicht über 15^0 C.
Es wird deshalb zuerst mit Ammoniakwasser und dann mit Rein-
wasser gewaschen, oder bei den rotierenden Wäschern nur mit
Reinwasser. Als Wäscher kommen Apparate mit Einlagen in

Betracht, die Waschflächen bieten. Früher wurden sie mit Sieb-
blechen ausgestattet und mit Koks beschickt. Am bekanntesten
sind die Wäscher mit Holzhorden
oder Blecheinlagen [Abb. 29[1])
und 30][2]). Von den rotierenden
Waschern ist am bekanntesten
der »Standardwascher« (Bamag nach Kirkham, Hulett und
Chandler, London) mit Horden-
einlagen, der Holmes-Wascher
mit Bürsteneinlagen, der Trom-
melwascher mit losen Waschkör-
pern und Schleuderwascher
[Abb. 31][3]). 100 m³ Rohgas enthalten 500 bis 800 g Ammoniak,
die bis auf Spuren entfernt
werden.

In Kokereibetrieben ist man
vielfach zu den sogenannten
direkten oder auch halbdirekten
Verfahren der Ammoniakge-
winnung übergegangen, bei
denen das Ammonsulfat direkt
aus dem Gase abgeschieden
wird.

Direkte Verfahren. H.
Brunck leitete als erster in
Deutschland heißes Gas zur
Ammoniakentfernung in Schwefelsäure; die heiße Teerscheidung (zentrifugieren) war aber
unvollkommen und scheiterte
das Verfahren daran, weil das
Ammonsulfat verunreinigt und
gefärbt war. Dr. Otto verbesserte die Teerabscheidung
durch Verwendung von Teer-
strahlapparaten, ohne Heizung

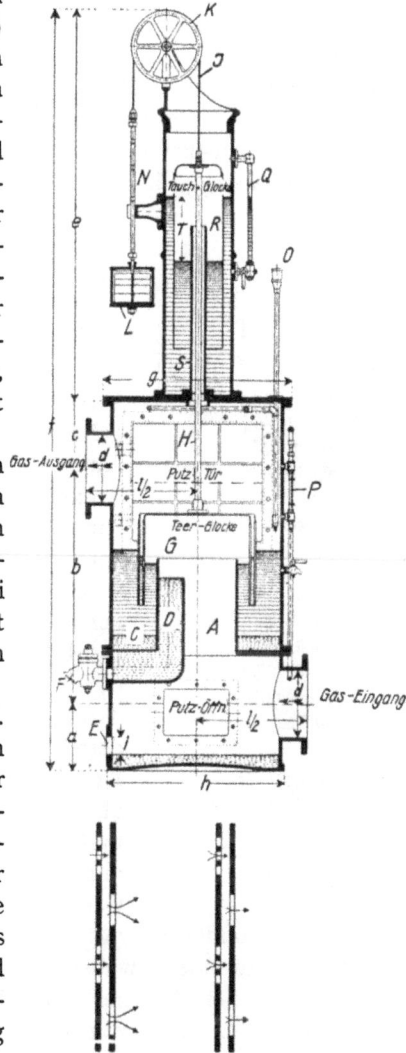

Abb. 27 u. 28. Pelouze-Apparat.

---

[1]) Aus Bamag, Berlin, Denkschrift z. Halbjahrhundertfeier, S. 198, Abb. 5.
[2]) Aus Bamag, Berlin, Denkschrift z. Halbjahrhundertfeier, S. 203, Abb. 22.
[3]) Aus Bamag, Berlin, Denkschrift z. Halbjahrhundertfeier, S. 249, Abb. 76.

des Sättigers (Wände oder Bad) kam man aber nicht zurecht. Semet-Solvay verwenden zur Teerscheidung Kolonnenwascher, die mit heißem Teer berieselt werden. Simon Carvés verwenden zyklonartig wirkende Teerscheider.

Halbdirekte Verfahren. Koppers behält die alte Teerabscheidung durch Kühlung des Gases unter den Taupunkt bei und erwärmt das Gas vor Eintritt in den Sättiger durch Abdämpfe oder im Wärmeaustausch mit dem heißen, von den Öfen kommenden Gas auf 40 bis 80⁰ C, dadurch ist eine Verdampfung des Verdünnungswassers der Schwefelsäure ermöglicht und der Wärmeverlust durch Strahlung ersetzt. Der Ammoniakwasseranfall bei der Kühlung wird besonders eingedampft und das freigewordene Ammoniak dem von den Öfen kommenden Gas zugesetzt und damit in den Sättiger geführt. Das Mont-Cenis-Verfahren ist ähnlich; es arbeitet ohne Überhitzer, die Ammoniakdämpfe des eingedampften Ammoniakwassers werden dem Gas vor dem Sättiger zugesetzt und die Teerscheidung wird vor den Saugern vorgenommen, wo das Gas rd. 40⁰ C warm ist. Das Verfahren von Collin weicht nur durch die Einführung der Ammoniakdämpfe in den Sättiger, ohne Mischung derselben mit dem Gas, davon ab. Dr. Otto hat jetzt auch die kalte Teerabscheidung angenommen. Die Kühlung und der Wärmeaustausch der Gase wird auf direktem Wege durch Waschung des Gases mit dem anfallenden und vorher gekühlten Kondensat vorgenommen. Es werden zwei Hordenwascher verwendet, wobei das zirkulierende Kondensat im ersten Wascher Wärme und Wasserdämpfe aus dem Gas aufnimmt, um sie im zweiten Wascher an das vom Teer befreite Gas wieder abzugeben. Das Umlaufwasser reichert sich mit fixen Ammoniakverbindungen an und wird in üblicher Weise eingedampft. Das Verfahren von Still ist von dem Ottoschen nur dadurch unterschieden, daß neben der Berieselung eine Zwischenkühlung der Gase wie bei Koppers vorgenommen

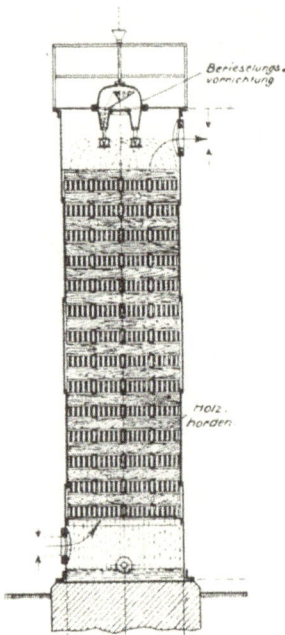

Abb. 29. Hordenwascher.

wird. Das von den Öfen kommende Gas tritt mit rd. 80⁰ C in der Mitte des sogenannten Verdichters ein, der im unteren Teil als Teerscheidebehälter ausgebildet ist. Der obere Teil des Verdichters enthält Stoßbleche, die mit Ammoniakwasser berieselt werden, das unten, nach der Teerabscheidung mit rd. 70⁰ C auf den zweiten

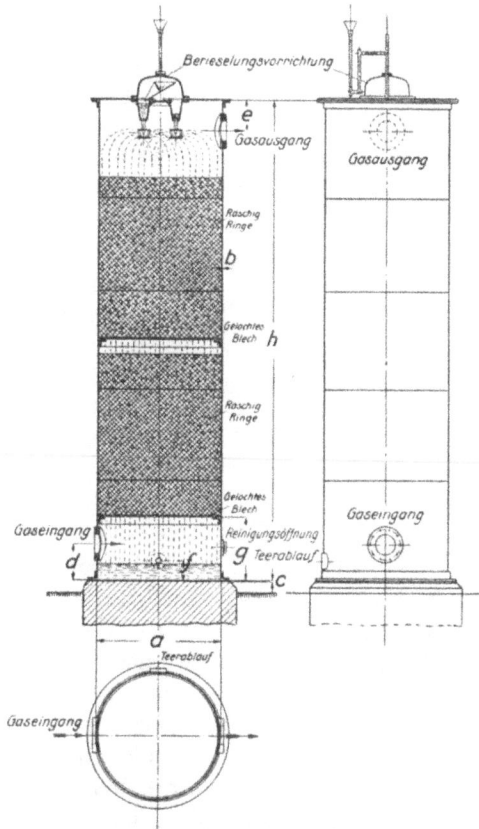

Abb. 30. Wascher mit Raschigringen.

Apparat, den Verdunster, gelangt, wo es die Wärme an das vorher in einem Röhrenkühler gekühlte Gas abgibt. Das Gas wird dann in den Sättiger geführt. Das abgekühlte Kondensat gelangt wieder auf den Verdichter. Ein Teil des Kondensates wird abgezogen und destilliert. Die Ammoniakdämpfe werden direkt in den Sättiger geführt. Die neuen Verfahren von Otto und Still sind mit der Möglichkeit einer Einschränkung der Ammoniak-Abwässer verbunden, doch hat auch Koppers in seinen Patentschriften dies bereits früher erwähnt.

Die direkte Sulfatgewinnung erspart Anlagekapital, Wasser, Dampf und Löhne; sie erhöht auch das Ammoniakausbringen. In Gaswerken hat sie sich nicht besonders eingeführt.

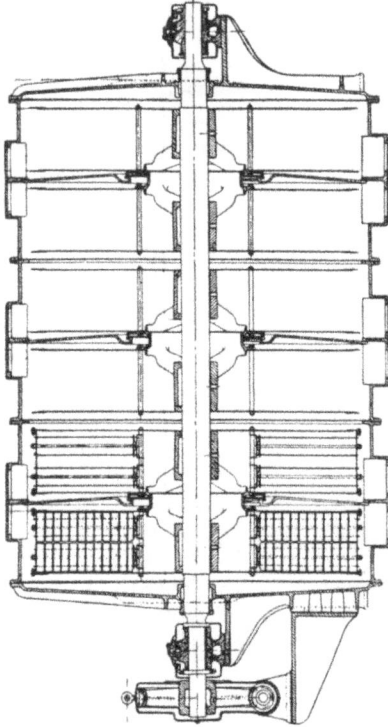

Abb. 31. Standardwascher.

Die Verarbeitung des Ammoniakwassers. Das Rohwasser ist pflanzenschädlich (Phenole, Pyridinbasen, Rhodan), man kann es also nicht direkt zur Kopfdüngung[1]) benützen, doch kann es auf Böden vor der Saat gebracht und nach dem letzten Schnitt als Wiesendüngung verwendet werden. Besser und vorteilhafter ist seine Verarbeitung durch Konzentrierung (verdichtetes Wasser mit 20 bis 25% Ammoniak) zu Salmiakgeist (destilliertes Wasser, das bis zu 25% reines Ammoniakgas aufgenommen) und zu schwefelsaurem Ammoniak (Ammoniakdämpfe werden in Schwefelsäure von 60° Bé geleitet, das Sulfat, muß ausgeschöpft mindestens 23 % Ammoniak enthalten).

Die Naphthalin-Entfernung aus dem Gase ist erwünscht, um Rohrnetzstörungen zu vermeiden. Der maximale Naphthalingehalt des Gases, der möglich ist, richtet sich nach der Sättigung des Gases mit Naphthalin entsprechend der Gastemperatur. Der Teer nimmt bereits die Hauptmenge an Naphthalin auf, die sich nach den Kohlen und den Entgasungsverhältnissen richtet. Höhere Entgasungstemperaturen fördern die Naphthalinbildung, starke

---

[1]) Kopfdüngung bedeutet Begießen oder Streuen der gesetzten Pflanzen, im Gegensatz zur Streudüngung des Bodens, bei der Aussaat.

Retortenladungen vermindern sie. Horizontal- und Schrägretorten-öfen geben unter gleichen Betriebsverhältnissen gleichen Naphtha-lingehalt das Gases. Vertikalretortenofengas ist naphthalinarm, ebenso das Gas anderer Ofensysteme, die mit vollgefüllten Ent-gasungsräumen arbeiten. 1898 verwendete Young schwere Teeröle zum Auswaschen des Naphthalins. Bueb übernahm das Verfahren in Verbindung mit seiner Zyan-Wäsche. Zur Naphthalinaus-waschung kann Vertikalofenteer verwendet werden, zweckmäßig wird mit Anthrazenöl nachgewaschen. Die Gastemperatur ist zweckmäßig nicht über 15⁰ C. Der Naphthalingehalt des »Stadt-gases« soll 4 g in 100 m³ nicht überschreiten. Als Waschapparate kommen ammoniakwäscherähnliche Anlagen in Betracht.

Die Zyan-Entfernung beginnt mit der Kühlung und er-folgt dann in der Trockenreinigeranlage unter Bildung von Ferro-zyan (Berlinerblau), doch ist diese Entfernung nicht restlos und gibt der Zyangehalt im Reingas zu Schäden an Gasbehältern und Gasmessern Veranlassung. Bei der Verbrennung des zyanhaltigen Gases entsteht salpetrige Säure. Deshalb ist die vollständige Ent-fernung erwünscht. Der Zyangehalt im Rohgase richtet sich nach den Kohlen und der Entgasungstemperatur. Im Kokereigas ist nur sehr wenig Zyan enthalten, da der nasse Kohleneinsatz die Ammoniakzersetzung hindert. Die ersten Versuche, durch be-sondere Vorrichtungen Zyan zu entfernen, unternahmen Bower und Wilton, dann Harcourt 1875; Rowland erhielt 1882 ein amerikanisches Patent, 1884 machte Willm Vorschläge und 1886 erhielt Dr. Knublauch ein deutsches Patent; Jorissen und Rutten modifizierten das Knublauchsche Verfahren im Haag (Holland), und ähnlich arbeitete auch Foulis in England; Bueb und Walther Feld gaben dann neue Verfahren an. Das ver-breitetste Verfahren ist das Buebsche: Das Rohgas muß das Ammoniak noch enthalten. Der Zyanwäscher wird hinter dem Teerscheider angeordnet und das Rohgas mit einer konzentrierten Eisenvitriollösung gewaschen; Schwefelwasserstoff und Ammoniak im Rohgas geben einen Niederschlag von Schwefeleisen und eine Lösung von schwefelsaurem Ammoniak; das Zyanammonium im Rohgas bildet mit der vorstehend erwähnten Mischung ein unlösliches Ferrozyan-Ammoniumdoppelsalz und Schwefelwasser-stoff wird frei. Es entstehen keine Verluste in der Wäsche und ein Alkalizusatz ist durch Ammoniak ersetzt, wodurch allerdings große Ammoniakmengen in den Zyanschlamm gehen (10 bis 5% des Ammoniakausbringens). Der Zyanschlamm enthält 12 bis

13,5% Berlinerblau und 6 bis 7% Ammoniak. 95 bis 96% des Zyangehaltes im Rohgas können entfernt werden. Als Zyanwäscher werden Standardwäscher verwendet, ähnlich den Ammoniakwäschern.

Die Schwefelwasserstoff-Entfernung ist Bedingung, weil alle Schwefelverbindungen bei der Verbrennung schweflige Säure geben, wodurch die Atmungsorgane stark angegriffen und Metalle zerstört werden. 95% des Schwefelgehaltes in Rohgas ist Schwefelwasserstoff. Nachdem Phillips schon 1835 die Behandlung des Gases mit einer Aufschlämmung von Eisen im Wasser vorgeschlagen hatte, begann schon vor 1848 Laming mit Versuchen, ein brauchbares alkalisches Eisenoxyd zu finden. Croll und Hills ließen sich diese Gedanken 1849 patentieren. Die Lamingsche Masse wurde hergestellt durch Mischen von Sägemehl oder trockener ausgebrauchter Gerberlohe mit trockenem gelöschten Kalk und gepulvertem Eisensulfat im Verhältnis 1:1. Auf Grund der Arbeiten Schillings benutzte man später eisenoxydhaltige Abfallprodukte chemischer Industrien. Dazu gehört auch die Lux-Masse, die später aufkam, und bei der Verarbeitung des Bauxits bei der Aluminiumherstellung abfällt. 1860 führte Howitz das natürliche Raseneisenerz ein. Heute werden überwiegend Raseneisenerz und Luxmasse (alkalisches Eisenoxydhydrat), meist in Mischung verwendet. Wie bereits erwähnt, wird auch Zyan ausgeschieden (10% und mehr Berlinerblau). Wirksame Reinigungsmasse fordert Anfeuchtung und nicht zu starke Erwärmung. Bei der Eisenreinigung wird der Schwefel an das Eisen gebunden, wobei Wärme entwickelt wird. Die mit Schwefel beladene Masse kann regeneriert werden durch Anfeuchtung und den Sauerstoff der Luft, wobei die 10fache Wärmemenge der beim Reinigungsprozeß entstehenden Wärme entwickelt wird. Die Reinigungsmasse kann in dieser Weise benutzt werden, bis sie 40 bis 50% Schwefelgehalt besitzt. In neuerer Zeit, besonders in größeren Werken, wird die Masse auch im Reinigerkasten regeneriert durch Luftzusatz zum Gas (1 bis 2% Luft). Die auftretende Erwärmung trocknet aber dabei die Masse aus, weshalb mäßiger Dampfzusatz vor der Reinigung erforderlich wird. Die Reiniger werden so geschaltet, daß der mit frischer Masse beschickte Kasten mit dem Reingas, der älteste Kasten mit ungereinigtem Gas in Berührung kommt. Dazu dienen Schaltventile und Rohrleitungen. Allner empfiehlt das Dessauer Reinigerschaltverfahren. Dabei kommt das Gas zunächst in einen Reiniger, der die durch den Luftzusatz regenerierte Masse enthält, wodurch dem Austrocknen der Masse bei erhöhtem Luftzusatz vorgebeugt wird. Die Umschaltung wird in ein- oder mehrtägigen Zeitabschnitten vorgenommen. Die Reinigungsmasse wird in flachen Kästen — den Reinigern — auf Holzhorden untergebracht. Es gibt aber auch eine Reihe Konstruktionen, die zwecks Erhöhung der Schichtendicke besondere Holzeinbauten für die Masselockerung vorsehen (Jäger, Bamag, Pintsch). Schmiedt hat Hochreiniger vorgeschlagen zwecks Verringerung der Raumbeanspruchung, doch wurden diese bisher nur in geringem Ausmaße ausgeführt [Abb. 32[1]) u. 33][2]).

Auch der Massetransport bedingt zum Teil ausgedehnte Transportanlagen, besonders zum Heben und Längstransport der Masse.

Die Nachteile der trockenen Reinigung: der große Raumbedarf der Anlage, die Transportkosten der Masse und die unge-

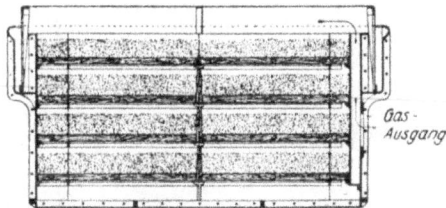

Abb. 32. Reiniger.

sunde Arbeit des Massewechsels gaben Veranlassung, eine Verbesserung des Reinigungsverfahren zu suchen. Das älteste ist die Wäsche mit Kalkmilch, das aber teuer und umständlich ist und den unangenehmen Ballast des ausgebrauchten Kalkes bringt. 1860 führte Claus ein Verfahren ein, das von Holms und Davidson wieder aufgenommen wurde. Die Hauptmenge des Schwefelwasserstoffes wird mit Ammoniakwasser herausgewaschen, das von Schwefelwasserstoff und Kohlensäure befreit ist, ein zweiter Teil wird in dem mit Frischwasser berieselten Schlußammoniakwascher herausgenommen und der Rest wird mit aufgeschlämmten Eisenhydroxyd entfernt. Es entstanden einige Verfahren, welche

[1]) Aus Bamag, Berlin, Denkschrift zur Halbjahrhundertfeier, S. 261, Abb. 7.
[2]) Aus Bamag, Berlin, Denkschrift zur Halbjahrhundertfeier, S. 263, Abb. 12.

den Schwefel im Gas direkt verwerten wollten. 1907 erhielt Burkheiser ein deutsches Patent auf ein Verfahren zur Entfernung von Ammoniak, Zyan und Schwefelwasserstoff; das Verfahren wurde nur in Einzelfällen ausgeführt, der Tod des Erfinders brach aber die Entwicklung ab. 1909 nahm Walther Feld ein deutsches Patent auf ein Verfahren, das dem gleichen Zwecke dienen sollte. Es wurden hauptsächlich auf Zechenkokereien

Abb. 33. Reinigeranlage (Gaswerk Bernburg).

Versuchsanlagen gebaut, doch brachten auch hier die Zeitverhältnisse (Weltkrieg) und das Ableben des Erfinders die Entwicklung zum Stillstand.

Die Entfernung des Schwefelkohlenstoffs: In England und Amerika wird auch Schwefelkohlenstoff-Entfernung betrieben (45,76 g in 100 m³ als Maximum in England zulässig). Zunächst wird das Rohgas durch Kalk von der Kohlensäure befreit und dann der Schwefelkohlenstoff mit Schwefelkalzium oder besser mit Kalziumoxysulfathydrat (nach Valon und Hunt) entfernt. Hills und Claus waschen das Gas mit Ammoniakwasser, das vorher von Kohlensäure und Schwefelwasserstoff befreit wurde. In Amerika werden Waschöle (Paraffinöl, Kerosin,

Benzolwaschöl oder leichtes Schmieröl) verwendet. In D̉eutschland versuchte man es mit Anilinlösungen ohne praktisches Ergebnis.

Die Benzolgewinnung: Anfang der neunziger Jahre des vorigen Jahrhunderts kamen Verfahren zur Auswaschung des Benzols aus dem Gase auf. Es handelte sich dabei um das Gas der Zeckenkokereien. Im Weltkrieg wurde aber dieses Verfahren im internationalen Gasfach allgemein, besonders in den größeren Gaswerken, eingeführt, seitdem auch bei uns zum Teil wieder eingestellt, weil es eine Konjunkturfrage ist, ob sich die Benzolauswaschung lohnt. Gewöhnlich wird Motorbenzol erzeugt mit rund 80% Leicht- und rd. 15% Schwerbenzol. Die Benzolauswaschung vermindert die Gasmenge um rd. $\frac{1}{2}$% und den Heizwert des Gases um 100 bis 250 WE/m³.

Die Gewinnung der Benzolkohlenwasserstoffe erfolgt durch Waschung des Gases mit Teeröl (Mittelöl: eine Fraktion, von der mindestens 80% bei 200 bis 300⁰ C übergehen) bei möglichst niederer Temperatur in ähnlicher Weise wie die Ammoniakwaschung. Günstigen Falls kann man 80% des im Gas enthaltenen Benzols auswaschen. Das angereicherte Wachöl wird auf 80⁰, besser 120 bis 130⁰ vorgewärmt und in einer Blase mit darüberstehender Destillierkolonne mit direktem Dampf destilliert. Die abziehenden Wasser- und Benzoldämpfe geben im Wärmeaustausch ihre Wärme an das benzolhaltige Waschöl ab. Im Ablauf trennen sich Wasser und Leichtöl (Benzol, Toluol, Xylol, Solventnaphtha und Naphthalin enthaltend). Das abgetriebene Waschöl ist wieder verwendungsfähig. Das Vorprodukt (Leichtöl) enthält geringe Mengen Wasser und Naphthalin und wird durch Destillation auf Motorbenzol verarbeitet. Das Motorbenzol kann ev. durch Waschen mit Schwefelsäure und Natronlauge von Pyridinen und Phenolen befreit werden. Durch fraktionierte Destillation kann es weiter verarbeitet werden.

Das Bayer-Verfahren (Farbenfabriken Leverkusen) entfernt die Benzolkohlenwasserstoffe mittels sogenannter »aktiver« — Chlorzink — Holzkohle. Schwefelkohlenstoff, Naphthalin und Teerreste werden gleichzeitig entfernt und können fraktioniert abgeschieden werden. Es ist noch nicht besonders eingeführt. Die Wirtschaftlichkeit hängt vom Kohlenpreis ab. Man spart hier den Abtreiber, weil die Dampfbehandlung der gesättigten Kohle im Absorptionsgefäß — nach Abschalten — vorgenommen wird.

Die Gasförderung innerhalb der Apparatenanlagen, von den Öfen ab bis zu den Behältern wird mit Kapselgebläsen, den

»Gassaugern« bewerkstelligt. Die älteste Konstruktion stammt von Beale, wurde früher mit 2, jetzt mit 3 und 4 Flügeln gebaut. Das Schmiermittel darf durch den Teer nicht zersetzt werden; man verwendet Teeröl mit Zusatz von 25 bis 50% Rüböl [Abb. 34][1]).

Es werden aber auch, besonders in den Kondensationsanlagen der Kokereien, Roots-Gebläse (2 Evolventenwalzen) Schaufel-

Abb. 34. Anordnung der Flügel-Trommel im vierflügeligen Gassauger.

gebläse, Turbogebläse, seltener Kolbengebläse verwendet. Der Antrieb erfolgt entweder durch eine Transmission mittels Riemenantrieb, häufig auch durch Kuppelung mit besonderer Dampfmaschine und bei den hochtourigen Maschinen direkt durch Dampfturbine oder Elektromotor. Es ist wichtig, auf der Saugseite den eingestellten Druck (Vorlagendruck auf den Öfen) zu erhalten, was durch Einschalten eines selbsttätigen Umgangs zwischen Saug- und Druckseite geschieht. Der bekannteste Apparat ist der Dessauer Umlaufregler [Abb. 35][2]). Vielfach wird aber auch die Dampfzuführung zur Antriebdampfmaschine mittels einer Drosselklappe zur Regulierung der Saugung beeinflußt. Die älteste Konstruktion ist der Hahnsche Regler

---

[1]) Aus Bamag, Berlin, Denkschrift zur Halbjahrhundertfeier, S. 158, Abb. 4.

[2]) Aus Bamag, Berlin, Denkschrift zur Halbjahrhundertfeier, S. 176, Abb. 35 (links).

[Abb. 36][1]). Für beide Apparate sind viele Nachahmungen entstanden, neuerdings auch für Kokereibetriebe.

Die Stationsgasmesser dienen der Feststellung der erzeugten Gasmenge vor ihrer Speicherung in den Gasbehältern. Sie werden als nasse Messer, nach der von Hausmessern bekannten Konstruktion, ausgeführt, allerdings in größeren Abmessungen und mit gußeisernen Gehäusen. Es wird später darauf zurückgekommen. Die Stationsmesser werden mit Zählwerk, Zeituhr, Wasserstand, Füllrohr und Kingschem Überlauf, Thermometer, Schreibvorrichtung und Wasserstandsschreiber ausgerüstet [Abbildung 37[2]) u. Abb. 38][3]).

Die Stadtdruckregler vermindern den durch die Gasbehälter gegebenen Gasdruck von rd. 100 bis 300 mm Wassersäule (WS) auf den im Verbrauchsnetz jeweils erforderlichen »Stadtdruck«, von 40 bis 70 mm WS. Es ist Bedingung, daß der Druck an den Endpunkten des Stadtrohrnetzes nicht unter 35 mm WS sinkt. Der durchschnittlich übliche Verbrauchsdruck beträgt 40 mm WS. Mischgas erfordert höheren Stadtdruck. Im Prinzip sind diese Regler Druckreduzierventile; die Ventile hängen an Schwimmerglocken, die durch Gewichts- oder Wasserbelastung — auch

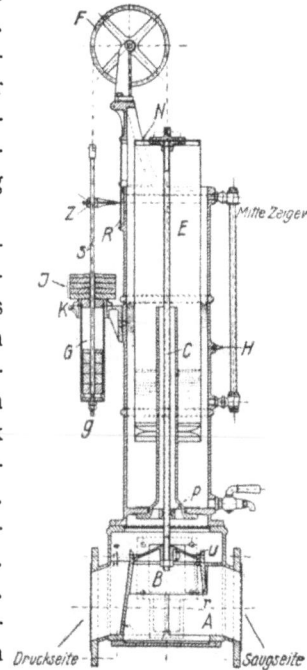

Abb. 35. Dessauer Umlaufregler.

selbsttätig — zum Eintauchen und damit zur weiteren Öffnung der Ventile gebracht werden. Eine bekannte Konstruktion ist von Gareis [Abb. 39][4]). Unachtsamkeit im An- und Abschalten von Gasbehältern könnte vollständige Absperrung des Stadtrohr-

---

[1]) Aus Bamag, Berlin, Denkschrift zur Halbjahrhundertfeier, S. 171, Abb. 29.

[2]) Aus Pintsch-A.-G., Gasanstalten. Denkschrift Nr. 600, Dezember 1915, S. 163, Abb. 319 (links).

[3]) Aus Pintsch-A.-G., Gasanstalten. Denkschrift Nr. 600, Dezember 1915, S. 164, Abb. 323 (Mitte).

[4]) Aus Bamag, Berlin, Denkschrift zur Halbjahrhundertfeier, S. 378, Abb. 65.

4*

netzes verursachen, deshalb ist es vielfach üblich, sogenannte
Sicherheitsregler als selbsttätige Umgangsabsperrvorrichtung
zwischen die Gasbehälterein- und -ausgangsleitungen anzuordnen.
Ihre Konstruktion ähnelt der des Dessauer Umlaufreglers.

Die Druckmesser, für die Feststellung der Betriebsdrucke
von den Teervorlagen auf den Öfen ab bis zu den Gasbehältern
und dem Stadtrohrnetz, werden innerhalb der Betriebsrohr-
verbindungen der einzelnen Apparate angeschlossen. Gebräuchlich

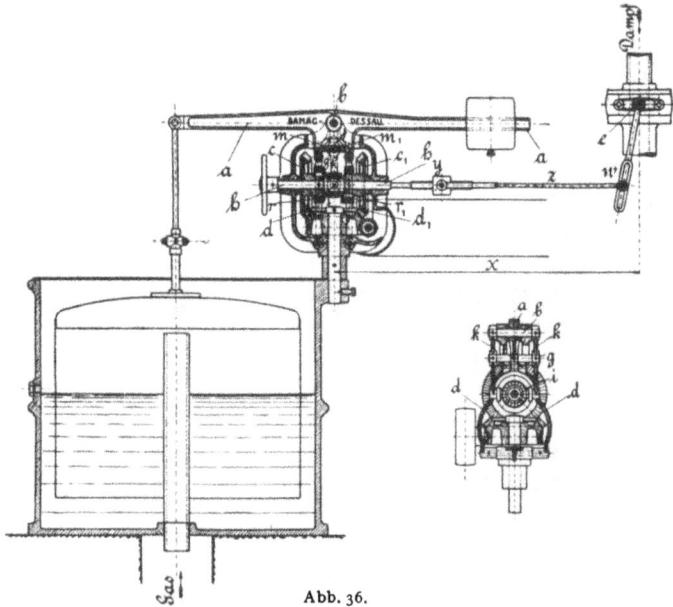

Abb. 36.
Hahnscher Regler.

sind Wassermanometer, aus zwei kommunizierenden Glasröhrchen
und den Verbindungsstücken bestehend [Abb. 40][1]). Auch Schreibmanometer, besonders für den Stadtdruck, werden verwendet
[Abb. 41][2]). Erforderlich ist es auch, die Gastemperaturen innerhalb der Kondensationsanlage festzustellen. Es werden Thermometer und Thermographen benützt.

Die Gasbehälter dienen der Speicherung des erzeugten
Gases; sie sind also Akkumulatoren, die für die Spitzenbelastung

---

[1]) Aus J. Pintsch-A.-G., Berlin, Gasanstalten. Denkschrift Nr. 600,
Dezember 1915, S. 263, Abb. 525.

[2]) Aus J. Pintsch-A.-G., Berlin, Gasanstalten. Denkschrift Nr. 600,
Dezember 1915, S. 270, Abb. 543.

des Versorgungsnetzes Reserve bieten. Ihr Inhalt wird zweckmäßig mit 60%, besser 75% und mehr der höchsten Tagesabgabe bemessen. Ihre Konstruktion besitzt eine Geschichte, deren Anfänge in der älteren englischen und deutschen Literatur verzeichnet sind (Kings »Treatise«, Cripps »The Guide Framing of Gasholders«, Newbiggings »Handbook«, Schillings »Handbuch«). Sie bestehen aus dem Wasserbecken, das aus Mauerwerk, doch jetzt häufiger Beton oder Stahl, hergestellt ist; der Gasglocke, die ein- oder mehrteilig (Teleskop-Behälter) ist, und dem

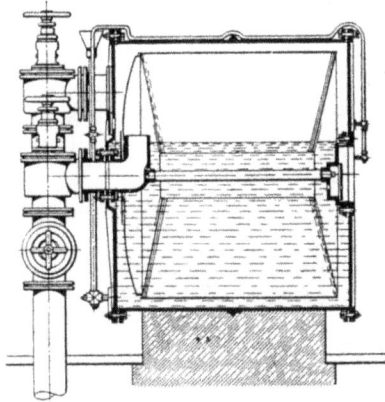

Abb. 37. Stationsgasmesser.

Führungsgerüst für die Glocke. Behälter mit gemauertem oder Betonbecken werden oft umbaut, wodurch an Heizung gespart und die Glocken geschont werden. Heute werden diese höheren Baukosten meist vermieden. Die Norm ist das Stahlbecken. Eine Sonderkonstruktion war der Intze-Behälter und ähnliche Konstruktionen mit zugänglichem Boden. Die Maschinenfabrik Augsburg-Nürnberg brachte einen Behälter mit Wölbbassin heraus zwecks Verringerung der Blechstärken des Wasserbeckens. Viele Sonderkonstruktionen betreffen auch die Rollenführungen der Glocken an dem Führungsgerüst mittels Radial-, Tangential- oder Radial- und Tangentialführungsrollen. Die Führungsgerüste der offenen Behälter, mit gemauertem Becken, das ganz oder zum Teil in die Erde versenkt wird, bestanden ursprünglich, den zur Verfügung stehenden Baustoffen entsprechend,

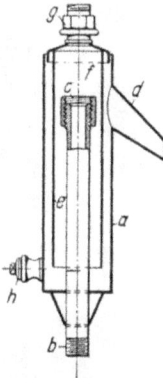

Abb. 38.
Kingscher Überlauf für Stationsgasmesser.

aus Gußeisen, heute nur aus Stahl. Für die Inhaltanzeige werden für kleinere Behälter Zeigerlatten, für größere Zifferblattanzeiger verwendet. Die Heizung des Beckenwassers und des Tassenwassers für die Teleskopgasbehälter im Winter ist sehr wichtig. Es werden eigene Heizkessel oder auch direkte Dampfanschlüsse benützt

54

[Abb. 42 [1]) u. 43] [2]). Eine seit einigen Jahren mehr in Anwendung kommende Sonderausführung ist der wasserlose Gasbehälter der MAN »Scheibenbehälter« genannt.

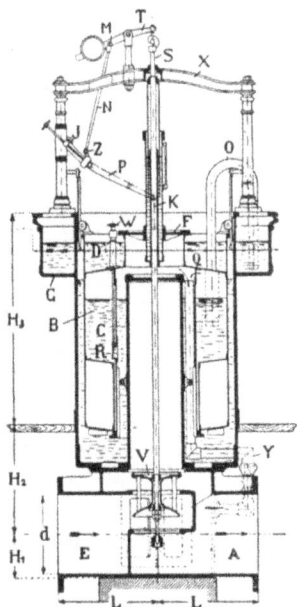

Abb. 39. Gareis' Stadtdruckregler.

Dieser Behälter besteht aus einer polygonalen gasdichten Behälterwand und einer auf dem Gaspolster schwimmenden und an der Innenwand durch Flüssigkeitsdichtung (Teer) abgedichteten Scheibe. Die Teerdichtung fordert Pumpbetrieb und Heizung.

Abb. 44 zeigt eine Behälterskizze. [3])

Die Pumpbetriebe: Der Anfall von Flüssigkeiten (Teer und Gaswasser), die Einführung der Naphthalin- und Zyangewinnung, die Kühlwasserbetriebe für die Gaskühlung fordern ausgedehnte Pumpenanlagen, die entweder als Dampfpumpen, mit Elektromotor gekuppelte Pumpen oder mit Riemenbetrieb ausgeführt werden. Als Pumpensümpfe kommen Gruben, als Speicherbehälter Gruben oder Stahlhochbehälter in Betracht.

Die Dampfkessel zur Lieferung des Betriebsdampfes für Dampfmaschinen oder Destillationsbetriebe, wie des Heizdampfes für Gasbehälter und Gebäude, sind ebenfalls ein Betriebserfordernis. Zur Heizung empfiehlt sich

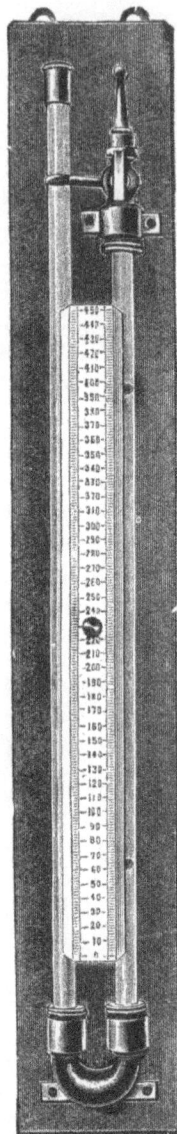

Abb. 40.
Einzelmanometer.

---

[1]) Aus Bamag, Berlin, Denkschrift z. Halbjahrhundertfeier, S. 336, Abb. 8.

[2]) Aus »Maschinenfabrik Augsburg-Nürnberg A.-G. (MAN) in der Gasindustrie«, Mitteilung Nr. 28 III, 1922, S. 10, Abb. 7.

[3]) Aus »Maschinenfabrik Augsburg-München A.-G, (MAN) in der Gasindustrie«, Mitteilung Nr. 28 III, 1922, S. 14, Abb. 17.

des Versorgungsnetzes Reserve bieten. Ihr Inhalt wird zweckmäßig mit 60%, besser 75% und mehr der höchsten Tagesabgabe
bemessen. Ihre Konstruktion
besitzt eine Geschichte, deren
Anfänge in der älteren englischen und deutschen Literatur verzeichnet sind (Kings
»Treatise«, Cripps »The Guide
Framing of Gasholders«, Newbiggings»Handbook«, Schillings »Handbuch«). Sie bestehen aus dem Wasserbecken,
das aus Mauerwerk, doch jetzt
häufiger Beton oder Stahl,
hergestellt ist; der Gasglocke,
die ein- oder mehrteilig (Teleskop-Behälter) ist, und dem

Abb. 37. Stationsgasmesser.

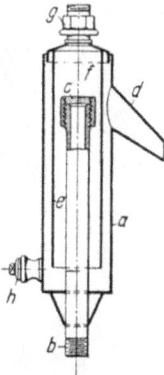

Führungsgerüst für die Glocke. Behälter mit gemauertem oder
Betonbecken werden oft umbaut, wodurch an Heizung gespart
und die Glocken geschont werden. Heute werden diese höheren Baukosten meist vermieden. Die Norm ist das
Stahlbecken. Eine Sonderkonstruktion war der
Intze-Behälter und ähnliche Konstruktionen
mit zugänglichem Boden. Die Maschinenfabrik
Augsburg-Nürnberg brachte einen Behälter
mit Wölbbassin heraus zwecks Verringerung der
Blechstärken des Wasserbeckens. Viele Sonderkonstruktionen betreffen auch die Rollenführungen der Glocken an dem Führungsgerüst
mittels Radial-, Tangential- oder Radial- und
Tangentialführungsrollen. Die Führungsgerüste
der offenen Behälter, mit gemauertem Becken,
das ganz oder zum Teil in die Erde versenkt
wird, bestanden ursprünglich, den zur Verfügung stehenden Baustoffen entsprechend,
aus Gußeisen, heute nur aus Stahl. Für die

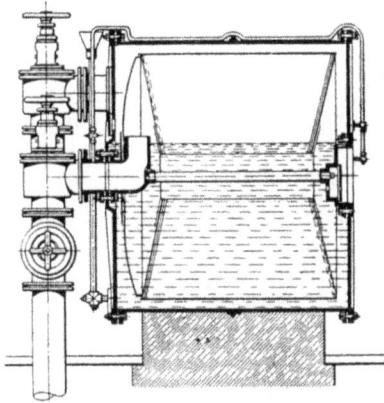

Abb. 38.
Kingscher Überlauf für
Stationsgasmesser.

Inhaltanzeige werden für kleinere Behälter Zeigerlatten, für
größere Zifferblattanzeiger verwendet. Die Heizung des
Beckenwassers und des Tassenwassers für die Teleskopgasbehälter im Winter ist sehr wichtig. Es werden eigene
Heizkessel oder auch direkte Dampfanschlüsse benützt

54

[Abb. 42 [1]) u. 43] [2]). Eine seit einigen Jahren mehr in Anwendung kommende Sonderausführung ist der wasserlose Gasbehälter der MAN »Scheiben-behälter« genannt.

Dieser Behälter besteht aus einer polygonalen gasdichten Behälterwand und einer auf dem Gaspolster schwimmenden und an der Innenwand durch Flüssigkeitsdichtung (Teer) abgedichteten Scheibe. Die Teerdichtung fordert Pumpbetrieb und Heizung.

Abb. 44 zeigt eine Behälterskizze. [3])

Die Pumpbetriebe: Der Anfall von Flüssigkeiten (Teer und Gaswasser), die Einführung der Naphthalin- und Zyangewinnung, die Kühlwasserbetriebe für die Gaskühlung fordern ausgedehnte Pumpenanlagen, die entweder als Dampfpumpen, mit Elektromotor gekuppelte Pumpen oder mit Riemenbetrieb ausgeführt werden. Als Pumpensümpfe kommen Gruben, als Speicherbehälter Gruben oder Stahlhochbehälter in Betracht.

Die Dampfkessel zur Lieferung des Betriebsdampfes für Dampfmaschinen oder Destillationsbetriebe, wie des Heizdampfes für Gasbehälter und Gebäude, sind ebenfalls ein Betriebserfordernis. Zur Heizung empfiehlt sich

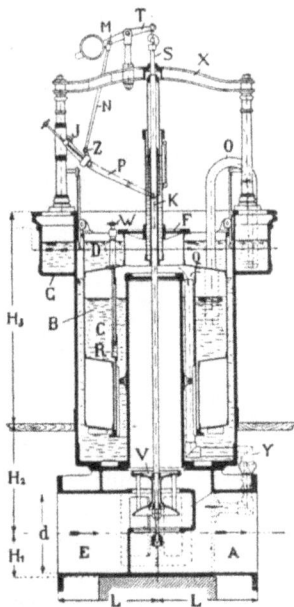
Abb. 39. Gareis' Stadtdruckregler.

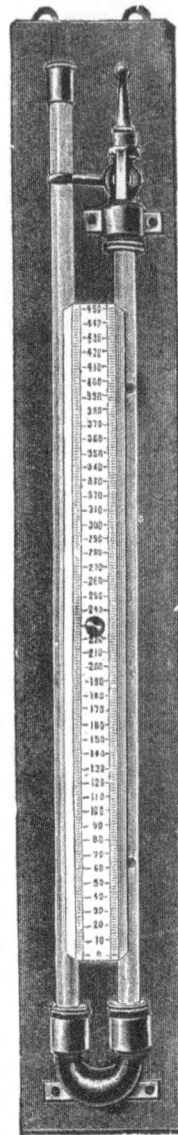
Abb. 40. Einzelmanometer.

[1]) Aus Bamag, Berlin, Denkschrift z. Halbjahrhundertfeier, S. 336, Abb. 8.
[2]) Aus »Maschinenfabrik Augsburg-Nürnberg A.-G. (MAN) in der Gasindustrie«, Mitteilung Nr. 28 III, 1922, S. 10, Abb. 7.
[3]) Aus »Maschinenfabrik Augsburg-München A.-G, (MAN) in der Gasindustrie«, Mitteilung Nr. 28 III, 1922, S. 14, Abb. 17.

die Verwendung des Anfalls an Koksgrus. Durch die Abwärme-
gewinnung bei den Entgasungsöfen und Wassergasgeneratoren,
wie durch die trockene Kokskühlung
können und werden Ersparnisse gemacht,
welche gefeuerte Dampfkessel ausschalten.

Das Apparateschema: Für die
Anordnung der Reihenfolge der erwähnten
Apparateanlagen zur Nebenproduktenge-
winnung und zur Reinigung des Gases ist
eine nach dem heutigen Stand der Er-
kenntnis festgestelltes Schema einzuhalten.
Nachdem das Gas die Entgasungsräume
verlassen und durch die Steigerohre in die
Teervorlagen gesaugt ist, wird es durch
die Hauptbetriebsrohrleitung zu der
Apparateanlage — in der Kokerei »Kon-
densation« genannt — geführt. Die Reihenfolge der Apparate beginnt mit der Kühlung des Gases: Vorkühler (Luftkühler
ev. Wasserkühler), Gassauger, Teerschei-

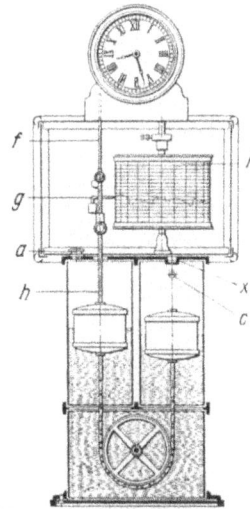

Abb. 41.
Schreibmanometer nach Ochwadt.

der, Zyan- und Naphthalinwascher, Schluß-
kühler (Wasserkühler), Ammoniakwascher, Schwefelreinigung,
Benzolwascher, Stationsgasmesser, Gasbehälter, Stadtdruckregler. Von hier geht das Gas in das Versorgungsnetz.

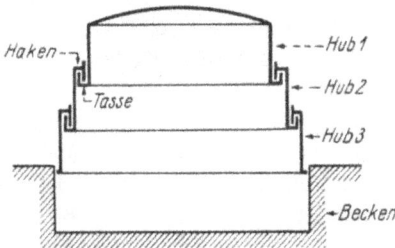

Abb. 42. Gasbehälterskizze.

Die Qualitätsprü-
fung: Früher war neben
der Untersuchung auf Teer,
Ammoniak und Schwefel-
wasserstoff die Feststellung
der Leuchtkraft Haupt-
erfordernis. Heute ist dies
anders, das Gas ist ein
Heizstoff und der Heiz-
wert wird festgestellt. Die
neue Norm von 1925 des Deutschen Vereins von Gas- und Wasserfachmännern, e. V., Berlin (4000 bis 4300 WE, ob., $0^0/760$ mm QS) [1]),
nennt außerdem noch ein spezifisches Gewicht von nicht mehr wie
0,5 (Luft = 1). Für die Heizwertfeststellung dient besonders ein

---

[1]) = oberer Heizwert (einschließlich der gewöhnlich nicht ausnutzbaren
Verdampfungswärme des Messers) bezogen auf 0^0 C Temperatur und
760 mm Quecksilbersäule Druck.

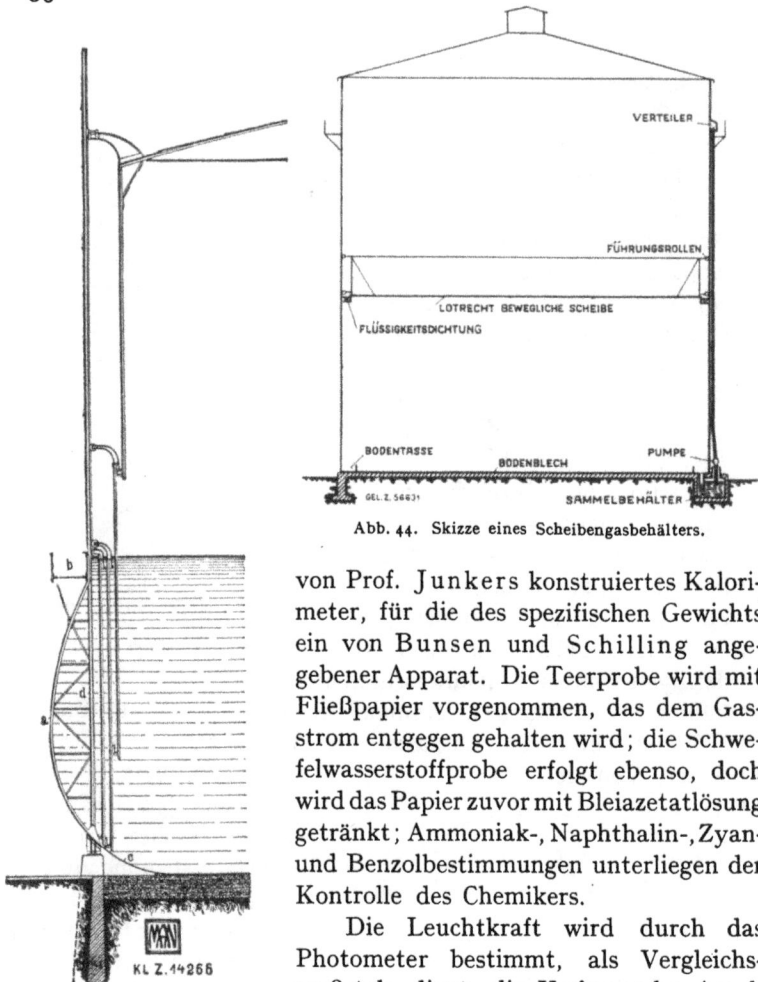

Abb. 44. Skizze eines Scheibengasbehälters.

Abb. 43. Gasbehälter mit
Wölbbassin.

von Prof. Junkers konstruiertes Kalori-
meter, für die des spezifischen Gewichts
ein von Bunsen und Schilling ange-
gebener Apparat. Die Teerprobe wird mit
Fließpapier vorgenommen, das dem Gas-
strom entgegen gehalten wird; die Schwe-
felwasserstoffprobe erfolgt ebenso, doch
wird das Papier zuvor mit Bleiazetatlösung
getränkt; Ammoniak-, Naphthalin-, Zyan-
und Benzolbestimmungen unterliegen der
Kontrolle des Chemikers.

Die Leuchtkraft wird durch das
Photometer bestimmt, als Vergleichs-
maßstab dient die Hefnersche Amyl-
azetatflamme bestimmter Größe.

4. Der Bau und Betrieb der Gaswerke.

Aus den Cleggschen Anlagen haben sich in 100 Jahren, wie
aus der vorstehenden Schilderung hervorgeht, großindustrielle
Werke für die öffentliche Gasversorgung entwickelt, deren Aufbau
in technischer Hinsicht so differenziert ist, wie es modernen Betrieben entspricht. Es handelt sich um Großfabrikbau, am meisten
ähnlich den Hüttenbetrieben und der chemischen Großindustrie.
Die Erbauung solcher Werke fordert die Kenntnisse einer ganzen

Reihe Fachgebiete: zunächst des Hoch- und Tiefbaues und der Statik der Eisenkonstruktionen, dann des Maschineningenieurwesens einschl. der Förderung von Massengütern, der Feuerungstechnik und des Ofenbaues. Der Betrieb fordert die Spezialkenntnisse der Entgasung der Kohlen und die Kondensationanlagen jene der Reinigung des Gases von zu gewinnenden oder unerwünschten Bestandteilen. In der Frühzeit der Gastechnik mußte der einzelne alle Teilgebiete beherrschen, aber auch heute ist dies noch von der Führung zu fordern. Obwohl schon in der frühesten Zeit sich die chemische Wissenschaft mit den Gasen beschäftigte, ging doch vor 100 Jahren die Einführung der Gaserzeugung, und später die Entwicklung, an die Praxis des Maschinen- und Ofenbauers über, woraus sich auch auf diesem Teilgebiet unser modernes Maschineningenieurwesen herausgebildet hat. Die Entwicklung ging parallel in England, Deutschland, Nordamerika; die übrigen Länder sind nicht von großer Bedeutung. Baufirmen des Gasfaches — Maschinenfabriken und Schamottefabriken — waren die Führer und Träger dieser Entwicklung bis in die neueste Zeit. Sie waren auch die Schule der jungen Gasingenieure. Zu den ältesten in Deutschland zählt die Fa. L. A. Riedinger in Augsburg, dann die Berlin-Anhaltische Maschinenbau-A.-G. in Berlin und Dessau, die unter Emil Blums Führung aus kleinen Anfängen groß wurde, die Kölnische Maschinenbau A.-G. in Köln-Bayenthal, die Fa. August Klönne in Dortmund, die Fa. S. Elster in Berlin und die Fa. J. Pintsch, A.-G. in Berlin. Nicht zu vergessen ist auch der Einfluß der Stettiner Chamottefabrik A.-G., vorm. Didier, in Stettin. Später kamen eine ganze Reihe Maschinen- und Schamottefabriken hinzu.

Den Baufirmen verbanden sich aber auch die großen Gasgesellschaften Deutschlands, wie die Deutsche Continentalgasgesellschaft in Dessau (Oechelhäuser, Vater und Sohn, Fähndrich, Niemann, Schäfer) und die Leiter der jetzt in deutschen Besitz übergegangenen Berliner Abteilung der Imperial Continental Gas Association in London, besonders Edward Drory und E. Körting. Auch Zivilingenieure, die sich dem Bau von Gaswerken und Versorgungen widmeten, waren bahnbrechend tätig, wie Blochmann, Schiele, Knoblauch, Kühnell, Ph. O. Oechelhäuser u. a.

Es war aber auch ein gutes Zeichen, daß Erzeuger und Betriebsleiter an der Entwicklung des Gasfaches Hand in Hand arbeiteten und die im eigenen Betriebe entwickelten Öfen und Apparate durch die Baufirmen ins Fach einführen ließen. Um nur einige Namen zu nennen, sei auf Schilling, Liegel, Vacherot, Ledig, Hudler, Hahn, Coze, de Brouwer, Bueb und Körting hingewiesen. Diese Entwicklungsperiode scheint jetzt beendet — die Konstruktionen entstehen meist bei den Baufirmen.

Ende des vorigen Jahrhunderts — nachdem bereits Schilling und H. Bunte den Münchener Horizontalretortenofen mit Generatorgasfeuerung und Rekuperation für die Luftvorwärmung bahnbrechend im Gasfach eingeführt hatten — begann auch, besonders seit dem Wirken H. Buntes an der Karlsruher Technischen Hochschule, die chemische Wissenschaft sich der Gasindustrie mehr zu widmen; was später durch die Gründung der Lehr- und Versuchsanstalt in Karlsruhe durch den Deutschen Verein von Gas- und Wasserfachmännern noch verstärkt wurde. Auch diese Anstalt führte H. Bunte, der kürzlich verstorbene Altmeister der Gaschemie, und als Nachfolger sein Sohn K. Bunte, so daß Deutschland im Besitze eines Institutes ist, dessen Tradition weitreichend und das auch der modernen Entwicklung gefolgt ist. Wie schon in dem voraufgegangenen Abschnitt über die Kondensationsanlagen gezeigt, kamen die Verfahren zur Zyan-, Naphthalin- und nassen Schwefelentfernung und die direkte Ammoniaksulfatgewinnung auf, die chemische Hilfe unentbehrlich machen, welche aber auch für die Kontrolle des Ofen- und Kondensationsbetriebes im allgemeinen und für die Ammoniak- und Benzolgewinnung und Aufarbeitung im besonderen unentbehrlich ist. Es sei besonders auf das Wirken Straches, Otts, Knublauchs, Buebs, Drehschmidts, Leybolds, Burkheisers, Felds hingewiesen, das dem Gasfach neue Entwicklungsmöglichkeiten bot.

Auch das Kokereifach, dieses Parallelgebiet des Gasfaches, nahm einen ähnlichen Lauf. Auch hier kam der Fortschritt von den Baufirmen und sei u. a. auf Dr. Otto, Brunck, H. Koppers, C. Still, Collin und Hinselmann hingewiesen, die auch im Ausland Fuß faßten bzw. durch Tochtergesellschaften die deutschen Kokereikonstruktionen einführten. Das war den Gaswerksbaufirmen nicht in so ausgedehntem Maß geglückt, weil meist einheimische Firmen schon vorhanden waren.

Die Entwicklung des Gasfaches im Ausland ging ähnliche Wege. Namen wie Lowe (Nordamerika), Bone und Wheeler

(England) u. a. haben auch hier guten Klang. Wie der Standardwascher und der Holmes-Bürstenwascher zur Ammoniakentfernung und der Ofen mit wandernder Ladung von Woodall
und Duckham aus England, der Pélouze-Apparat zur Teerscheidung und der Schrägretortenofen von Coze aus Frankreich, die Koksrinne und die Retortenlademaschine von
de Brouwer aus Belgien kamen — um nur einige Fälle zu nennen
— und bei uns weiterentwickelt wurden, so ging auch von uns eine
sehr erhebliche Beeinflussung der Entwicklung des Gas- und
Kokereifaches des Auslandes aus, wie auch eine ausgedehnte Bau-
tätigkeit im Ausland dem deutschen Fach Arbeit brachte.

Heute kommt es wieder mehr zu Bewußtsein, daß der verant-
wortliche Leiter der Werke auch selbständig bauen können muß,
daß der Maschineningenieur dazu berufen, dafür aber die Ausbildung in den Grenzgebieten nicht entbehren kann, daß ihm aber
vor allem auch die Anforderungen des Gasfaches zunächst näher
gebracht und dafür die Technischen Hochschulen ausgebaut
werden müssen. Maschineningenieur und Chemiker müssen im
Betriebe Hand in Hand arbeiten, doch muß beiden ihr eigenes
Gebiet gewahrt werden.

5. Die Verteilung des Gases.

Das Leitungsnetz: Um das erzeugte Gas den Verbrauchern zuzuführen, wird in den öffentlichen Wegen unter-
irdisch das Rohrnetz angelegt und betrieben. Da Gas leichter
wie Luft ist — spezifisches Gewicht nur 0,4 bis 0,5 —, so hat das
Gas das Bestreben, nach oben zu steigen. Das bedingt die Anlage
des Gaswerks an der tiefsten Stelle des Versorgungsbezirkes.

Als Murdock und Clegg die ersten Gasanlagen bauten,
waren aus Gußeisen hergestellte Rohre schon bekannt. 1758
erhielt J. Wilkinson ein Patent auf die Herstellung von Gußröhren. 1762 soll auch in Frankreich eine Gießerei mittels Sand-
guß Röhren hergestellt haben. Bis Ende des 18. Jahrhunderts
hatte England das Röhrenmonopol, doch kam schon gegen
dessen Ende der Röhrenguß in Deutschland auf: in der Gräfl. Ein-
siedelschen Eisengießerei in Mückenberg (jetzt Aktiengesellschaft
Lauchhammer) und auch in Westfalen soll eine Hütte bestanden
haben, die gute Gußrohre herstellte. In England und Frankreich
goß man bis um die Mitte des 19. Jahrhunderts die Rohre liegend
und schräg, während man in Deutschland sehr bald zum Ver-

tikalguß überging. In neuester Zeit kommt der Schleuderguß in unzerstörbarer Form und ohne Kern hinzu. Wenn auch im Laufe der Jahre Unterschiede in der Zusammensetzung des Gußeisens zu verzeichnen sind, so blieb doch im großen und ganzen bis heutzutage alles beim alten. Man hatte ein erprobtes Leitungsmaterial und konnte wenig verbessern. Als einzige Abart sind die Panzerrohre »System Rogé« in Frankreich zu bezeichnen, die aber für Niederdruckgasleitungen wenig in Betracht kommen. Sie besitzen Schrumpfringe zur Verstärkung der Rohrwand gegen höheren Druck.

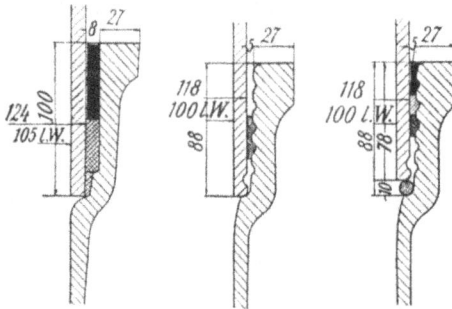

Abb. 45. Gußrohrmuffenverbindungen.

Vorübergehend kamen an einzelnen Orten andere Materialien zur Verwendung. So führte man in den 40er Jahren des 19. Jahrhunderts die Chameroy-Rohre in Frankreich ein, die aus Eisenblech und Asphalt hergestellt waren, sich aber anscheinend nicht hielten. Aus Asphalt und Papier stellte man in England und Frankreich um die gleiche Zeit Röhren her. In Amerika (Ohio) soll sogar eine 161 km lange Leitung aus »Glas« in Betrieb gewesen und selbst »Holzröhren« sollen dort verwendet worden sein.

Seit 1885 erschienen die ersten Nachrichten über die Arbeiten der Gebrüder Mannesmann in Remscheid, aus Stahlblöcken Röhren zu walzen. 1890 erfand Max Mannesmann das sogenannte Pilgerwalzwerk. Dazu kam kurz danach noch die Herstellung der spiralgeschweißten und längsgeschweißten Röhren. Seitdem bestehen Guß- und Stahlrohr nebeneinander. Abb. 45 gibt verschiedene Gußrohrverbindungen[1]), Abb. 46 eine im Bergbaugebiet verwendete Stahlrohrmuffenverbindung[2]).

---

[1]) Aus Handbuch Schilling-Bunte, 1917, Bd. VI, S. 30, Abb. 24 bis 26.

[2]) Aus Handbuch Schilling-Bunte, 1917, Bd. VI, S. 50, Abb. 72.

Zur Verbindung der Rohre dient die Muffe, eine Erweiterung des einen Rohrendes. Für Gußrohre bestehen schon Normalien seit 1882, die in der Nachzeit verschiedentlich geändert wurden. Guß- und Stahlrohre werden zum Schutz gegen Rost asphaltiert, die Stahlrohre zum Schutz der Asphaltschicht auch noch jutiert. Die Frage, Guß- oder Schmiederohr, ist nicht so einfach zu beantworten. Wenn nicht der Preis den Ausschlag gibt, so ist auf die Lebensdauer Rücksicht zu nehmen, die abhängig ist vom Außenangriff der Rohrleitungen: Durch vagabundierenden Erdstrom elektrischer Bahnen, sauren Boden, Moor, Asche und Schlacke. Handelt es sich um höhere Leitungsdrucke, wie für Fernleitungen, so ist über 3 at Druck mit Stahlrohren zu rechnen.

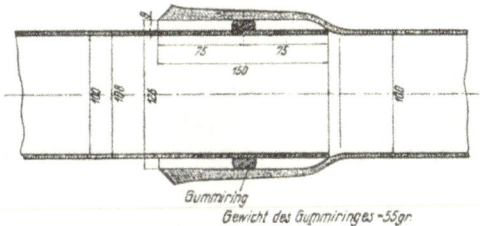

Abb. 46. Bergbau-Stahlrohrmuffenverbindung.

Bis zum Aufkommen der autogenen Schweißung mit der Azetylen-Sauerstoff-Flamme, das nicht so lange zurückliegt, mußten die Muffen mit Teer- und Weißstrick und Guß- oder Kaltblei (Riffelblei, Bleiwolle), seltener mit Gummiringen (Budde und Göhde) gedichtet werden. Der Zwischenraum zwischen dem glatten Rohrende und der Muffenöffnung wurde zunächst mit Strick (Hanf, Jute) fest verstemmt, was große Fertigkeit forderte, und schließlich durch den aufgesetzten Bleiring die Dichtung gefestigt. Die autogene Schweißung beseitigt das Undichtwerden der Verbindungsstellen und verdient deshalb den Vorzug. In neuester Zeit können auch Gußrohre nach einem in Nordamerika entstandenen Verfahren mit Bronzeschweißung in ähnlicher Weise mittels des Schweißbrenners verbunden werden.

Das in das Stadtrohrnetz mit einer der Jahreszeit entsprechenden Temperatur fließende Gas sättigt sich über dem Absperrwasser von Gasbehältern und Stationsgasmessern mit Wasser entsprechend diesen Temperaturen. Kommt es nun in die kühleren Erdleitungen oder an besonders kühl liegende Stellen, so scheidet sich der Wasserüberschuß aus. Deshalb ist es erforderlich, alle

62

Gasleitungen mit Gefälle zu legen und an den Tiefpunkten Sammelstellen, die Wassertöpfe, einzubauen, die von Zeit zu Zeit durch Handpumpen — bei den höheren Gasdrucken durch Abblasen — entleert werden. Für Niederdrucknetze werden diese

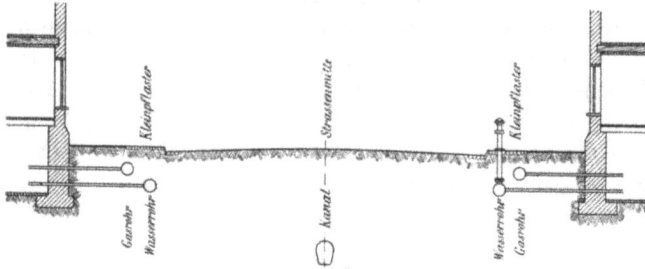

Abb. 47. Straßenprofil.

Töpfe durch Einbau einer Scheidewand manchmal auch als Absperrorgane ausgebildet, die aber peinlicher Wartung bedürfen (Anschluß an eine Signallaterne), um unbeabsichtigte Absperrungen zu verhüten [Abb. 47][1]).

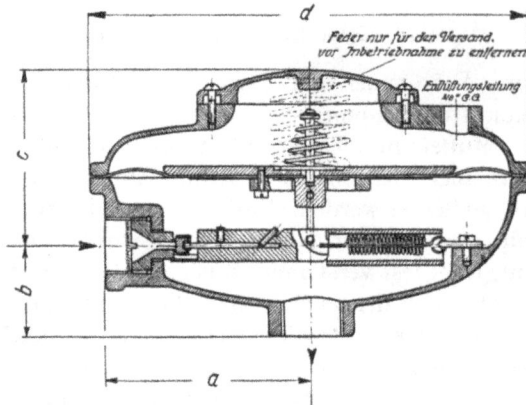

Abb. 48. Hausregler.

Das Rohrmaterial wird bereits auf dem Werk einer hydraulischen Druckprobe unterzogen. Die fertig verlegte Leitung ist ebenfalls zu prüfen und richtet sich diese Luftdruckprobe nach den Betriebsdrucken.

---

[1]) Aus Schilling-Bunte, Handbuch der Gastechnik, 1917, Bd. VI, S. 39, Abb. 42.

Um die Verbrauchsstellen an das Hauptnetz anzuschließen, werden jetzt überwiegend starkwandige Stahlrohre verwendet, in ähnlicher Ausführung wie die Hauptleitungen aus Stahl. Für die Wartung der Dichtstellen in den Leitungen werden oft sogenannte »Riechrohre« verwendet, die bis in die Straßenfläche reichen und ebenso wie die Wassertopfpumprohrenden durch gußeiserne oder Betonkappen mit Deckel abgedeckt werden.

In Sonderfällen, besonders wenn höhere Netzdrucke im Niederdrucknetz verwendet werden, empfiehlt sich der Einbau von Membranreglern vor den Hausmessern. Solche Regler werden auch im Stadtrohrnetz als Auffüllstationen angeordnet, wenn eine beson-

Abb. 49. Bezirksregler.

dere Speisung des Netzes durch Druckleitungen, neben dem Hauptanschluß an die Gasbehälteranlage, oder als alleinige Speisung des Netzes in Betracht kommt [Abb. 48[1]) u. Abb. 49][2]).

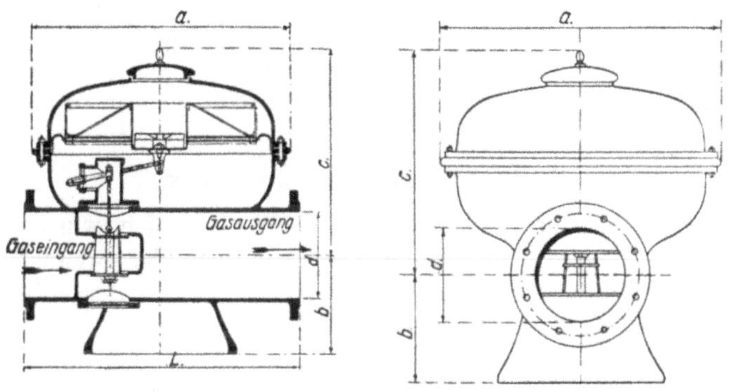

Die Gasfernleitungen werden ebenfalls aus Stahl- und Gußröhren gebaut, wobei die höheren Drucke (über 3 at Üd.) Stahl als Material bedingen. Die Verbindung der Rohre auf der Baustelle erfolgt, wie für die Niederdruckleitungen angegeben, heute überwiegend durch autogene Schweißung. Die Abnahmebedingungen für Rohre und Leitungen richten sich nach den Betriebsdrucken, doch sind Betriebsdrucke bis 10 at Üd. und mehr schon in Ausführung; sie sind bis zum Naturgasdruck (28 at) steigerungsfähig. Die Verteilung des Gases aus den Gasfernleitungen, die besonders in den Bergbaubezirken: Ruhr, Saar, Oberschlesien und Niederschlesien für die Versorgung der still-

---

[1]) Aus Bamag, Denkschrift zur Halbjahrhundertfeier, S. 374, Abb. 53.
[2]) Aus Bamag, Denkschrift zur Halbjahrhundertfeier, S. 373, Abb. 49.

gelegten Gaswerke mit Kokereigas, dann aber auch sonst sich vielfach entwickelt hat, erfolgt durch Reglerstationen, welche Mem-
branregler, nach der Abb. 49, nebst Rückschlagventilen oder
sonstigen Sicherheitsventilen besitzen, um ein Leerlaufen der
Gasbehälter zu verhindern, oder eine Sicherung zu bieten, gegen
zu hohen oder zu niederen Druck vor dem Stationsgasmesser der
Behälterstation. Solche Stationen können ev. auch ohne Gasbehälter angeschlossen werden.

Sonderkonstruktionen des Leitungsbaues sind auch
Kreuzungen von Eisenbahngleisen (Schutzrohre verlangt), von
Brücken (Ausdehnungsvorrichtungen erforderlich und Isolierung
gegen Kälte) sowie von Wasserläufen durch Düker (Unterwasser-
leitungen). Es sind Kreuzungen großer Bahnhofsgleisanlagen,
auch Rheinbrückenleitungen und ein Rheindüker (Üdesheim—
Himmelgeist) bereits ausgeführt und jahrelang im anstandslosen
Betrieb.

6. Die Verwendung des Gases.

Die Verbrauchsgasmesser: Ursprünglich wurde das
Gas auf Grund der Schätzung des Verbrauchs der Brennstellen
und der vereinbarten Benutzungszeit zu einem Pauschalbetrag
verkauft. Das brachte unhaltbare Zustände.

Der nasse Gasmesser: Zunächst entstanden die nassen
Messer in England, geschaffen durch Clegg, Malam und Crosley; nur die Verbesserung von Einzelteilen blieb noch übrig, die
ebenfalls fast nur von Engländern angegeben wurden. Selligne
ließ zwei Glocken an einem Wagebalken hängend in Wasser
tauchen und schuf so den ersten Messer. Ähnliches versuchte
Samuel Clegg, doch auch vergebens; Konstruktionen, die erst
in letzter Zeit wieder aufgegriffen wurden (Bessin, Schirmer
& Richter). 1815 nahm Clegg das erste englische Patent auf den
nassen Messer. Es war eine rotierende Trommel aus Blech, die
in Wasser tauchte; damit war der Vorläufer aller heutigen nassen
Messer gegeben. 1819 brachte John Malam einen verbesserten
Messer heraus und erhielt ein Patent; ohne jedoch viel Vorteil
davon zu haben. Samuel Crosley kaufte dieses Patent und
schuf durch Verbesserungen in den Jahren 1819—1859 die heutige
Crosley-Trommel des nassen Gasmessers. Die weitere Ausbildung aller Nebenteile, um den Messer handelsfähig zu machen, ist
auf Clegg und Crosley zurückzuführen [Abb. 50][1]. Die Cros-

---

[1] Aus Handbuch Schilling-Bunte, 1917, Bd. VI, S. 180, Abb. 124.

ley-Trommel unter Anwendung des Clegg-Malam-Prinzips des Zellenrades ist in ihrer Einfachheit bis heute nicht übertroffen worden, obwohl Abänderungsvorschläge gemacht wurden. 1859 wurde in England durch die Bestimmungen des »Sales of Gas Act« und 1872 im Deutschen Reich durch das Eichgesetz die Eichung der Gasmesser gesetzlich geregelt.

Die Wasserverdunstung im Messer bedingt periodische Nach-füllung. Eine Reihe von Konstruktionen beschäftigt sich mit dem Schutz der Gaswerke gegen das Minuszählen bei gesunkenem Wasserstand. Dazu gehören als Beispiele: die rückmessende Trommel von W. J. Warner & W. Cowan, zuerst patentiert 1877. Das ist die Anordnung einer zweiten kleineren Meßtrommel in der Haupt-trommel, so daß also von dem zuerst gemessenen Gase ständig der durch die Rückmeßtrommel ge-messene Anteil wieder in die Ein-laßkammer der Haupttrommel zu-rückgefördert wird. Beide Meßräume erleiden durch Wasserspiegelschwan-kungen in weiten Grenzen praktisch gleiche Änderungen, so daß der wirk-same Meßraum konstant bleibt. Die zweite Ausgleichmessergruppe sieht ständigen Wasserzu- und -ablauf vor. Dem dient bei den Stationsgasmes-sern, der schon bei ihrer Beschrei-bung erwähnte Kingsche Überlauf.

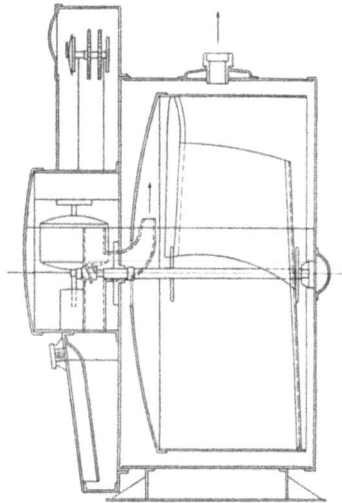

Abb. 50. Nasser Gasmesser.

Bei den Konsumentengasmessern wird dazu ein Vorratt-behälter vorgesehen, der Wasser — entsprechend der Verduns-tung — in den Meßraum läßt. Die Engländer nennen die erste Abteilung dieser Art Messer »bird-fountain«, wofür in Deutschland der Name Napfgasmesser gwählt wurde. Vor-schläge dazu machten Hemming 1839, Esson 1858, Falco-netti 1878, Peischer 1889, Schneider, Ruelle, Bolz u. a., die aber alle Raum beanspruchen für den Behälter und erhöhte Kosten. Der Wasserabfluß gibt bei periodischer starker Belastung des Messers zu Wasserverschwendung Veranlassung. Die zweite Abteilung dieser Messer sind die Schöpfgasmesser, zuerst von Mead 1851 herausgebracht. Hier wird aus einem Vorratsbehälter

Wasser dauernd, mittels eines von der Trommelwelle betätigten Schöpforganes, in den Meßraum gefördert. Verbesserungen bzw. Änderungen stammen von Scholefield, Wright, Crosley und Goldsmith (1856). Dieses Messersystem ist auch heute noch eingeführt und erfüllt seinen Zweck. Neuere Konstruktionen stammen von Blampain 1900, Caillau 1908, Isaria-Zähler-werke München 1907, Danubia-A.-G. in Straßburg i. E. und Bessin & Co., Berlin [Abb. 51][1]). Beim Bessin-Schöpfgasmesser

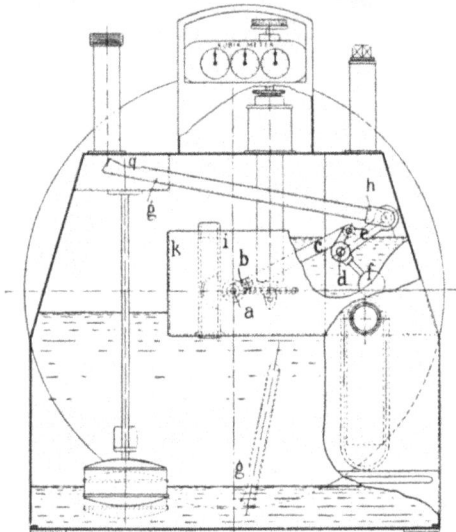

Abb. 51. Bessin-Schöpfgasmesser.

sind die Kurbeltriebe *a*, *b* und *c*, *d* durch die Schubstange *c* ver-bunden, der letztere auch durch Gegengewicht *f* ausbalanciert. Diese Triebe dienen der Bewegung des mit dem Knie *h* befestigten Schöpfrohres *g* mit der Öffnung *q*. Das Schöpfrohr *g* taucht, hebt Wasser und befördert es in den Brustkasten *k*. Auch andere Konstruktionen sind bekannt geworden.

Um die Folgen der Wasserverdunstung zu vermeiden, werden auch nicht verdunstende Flüssigkeiten verwendet. Seit alter Zeit wurde dazu Glyzerin benutzt, wobei ein geringes Ver-dunsten im Laufe der Zeit doch stattfindet. Da die Flüssigkeit Metalle nicht angreifen darf, ist Glyzerin geeignet. Sie darf auch

[1]) Aus Schilling-Bunte, Handbuch der Gastechnik, 1917, Bd. VI, S. 206, Abb. 138.

nicht frieren, so daß der Wasserzusatz durch die Festlegung des Gefrierpunktes gegeben ist. Als Ersatz von Glyzerin ist Zusatz von Weingeist zum Wasser, Chlormagnesium allein oder mit Zusätzen, Glyzerin mit Zusatz von Mineralölen, Kalziumoxychlorid, Petroleum, leichtflüssige Mineralöle, Anthrazenöl mit etwas Naphthalin vorgeschlagen und zum Teil auch angewendet worden — nicht immer mit Erfolg. Über das Gasmesseröl der Vesta, G. m. b. H. (Aron), Berlin, wird seit 1912 überwiegend günstig berichtet.

Eine Sonderkonstruktion ist der Duplex-Messer (mit zwei ineinander gesteckten Trommeln) der Firma Schirmer, Richter & Co., Leipzig, zwecks Verkleinerung der Raummaße des Messers.

Der trockene Gasmesser: Auch der trockene Gasmesser entstand in England. Clegg, John Malam (1820), Bogardus in Amerika waren Vorläufer ohne Erfolg. Den ersten praktisch verwendbaren Messer konstruierte Defries. Erst Croll und William Richards schufen 1835 einen brauchbaren Messer, der 1844 patentiert und von der Gas Meter Co. in London, Oldham und Dublin hergestellt wurde. Verbesserungen stammen von Croll (mit Glover), Ford, Lizars, Bent, Hyams; Rait und Winsborrow erhielten 1863 ein Patent auf die maschinelle Herstellung durch Stanzen der Teile. Neuere Konstruktionen stammen von Aron, Bessin & Co., Berlin, Haas, Jensen, Pintsch, Kromschröder u. a.

Das Prinzip des trockenen Gasmessers ist Teilung des Gehäuses durch eine senkrechte Scheidewand und je einen beweglichen Kolben mit Membran in zwei Meßräume, wobei für die Ein- und Auslaßsteuerungen und des Zählwerks die Kolbenbewegungen den Antrieb leisten [Abb. 52, 53 u. 54][1]. Für den abgebildeten Gasmesser der Fa Bessin & Co. gilt: e ist der Eingang, f der Ausgang des Gases, c sind 4 Gaskanäle, g ebenfalls, d ist der Hahnschieber, b die Balgschüsseln, h das Kurbelgestänge und i Schnecke und Schneckenrad zum Antrieb des Zählwerks k. An Stelle des Hahnschiebers werden auch Flachschieber ausgeführt.

Ob der nasse oder der trockene Gasmesser vorzuziehen ist, muß nach Unterschieden bezüglich Meßgenauigkeit, Lebensdauer, Betriebskosten und Störungen beantwortet werden. Bezüglich der beiden ersten Fragen ist der trockene Gasmesser gegenüber dem nassen erheblich im Nachteil wegen der Verwen-

[1] Aus Schilling-Bunte, Handbuch der Gastechnik, 1917, Bd. VI, S. 215, Abb. 142, 143 u. 144.

dung der Steuerschieber und der Membrane. Es ist also in beiden Fällen eine Materialfrage. Als Membran wird hauptsächlich Leder, aber auch vielfach imprägnierte Stoffe verwendet. Sie darf sich weder zusammenziehen, noch dehnen, nicht brechen, keine Feuchtigkeit aufnehmen, muß dauernd gasdicht bleiben und von den Gasbestandteilen und Gasausscheidungen nicht angegriffen werden. Im Durchschnitt ist die Lebensdauer trockener Messer nur halb so groß wie die nasser Messer. Für nasse Messer wird dabei eine Lebensdauer von 20 bis 25 Jahren im Durchschnitt angenommen. Es ist aber interessant, daß noch Veteranen von nassen Messern heute in Betrieb sind, so berichtet das Gaswerk München 1925, daß jetzt noch Messer von Siry, Lizars & Co. vom Jahre 1861 ordnungsmäßig arbeiten und erhalten sind, auch Pintsch-Messer vom Jahre 1873, die zuletzt 1900 repariert sind, und Pintsch-Messer von 1887, die noch nicht repariert worden sind, erfüllen heute noch vollständig ihren Verwendungszweck. In England und Amerika überwiegen jetzt die trockenen Gasmesser, in Frankreich werden mehr nasse Messer benützt und in Deutschland war auch der trockene Messer bis vor kurzem im Vordringen, doch kehrt man vielfach, besonders in den Großstädten, zum nassen Gasmesser zurück. Für mehr als 30 Flammen werden trockene Messer nicht empfohlen.

Der Gasautomat: Eine Abart der trockenen und nassen Gasmesser sind die Automaten-Gasmesser, die ein Schaltwerk — ähnlich dem eines Warenautomaten — besitzen. Es sind Vorauszahlungsmesser, die in England Vorläufer hatten in Laceys »monitor dial« bzw. im »check meter« der Firma Cowan, wobei auf einem Zifferblatt durch den Kassierer die vorausbezahlte Gasmenge eingestellt wird, nach deren Verbrauch selbsttätiger Abschluß erfolgt. Price und Brownhills erhielten für einen Automatengasmesser die ersten Patente 1887. Es entwickelte sich die Einführung in England sehr rasch. Auch in Holland und Frankreich fanden sie in der Mitte der 90er Jahre des vorigen Jahrhunderts Aufnahme. 1896 wurden sie im Deutschen Reich für »eichfähig« erklärt.

Die Geschichte der Durchbildung und Erzeugung der Gasmesser ist gleichzeitig eine solche der Gasmesserindustrie, die auch in Deutschland bis in die erste Hälfte des 19. Jahrhunderts zurückreicht. Aus der großen Zahl von Gasmesserfirmen, die sich besonders verdient gemacht haben, seien erwähnt: Bessin & Co., Berlin, S. Elster, Berlin, verbunden mit der Gasmesser-

Abb. 54.

Abb. 53.
Trockener Gasmesser der Fa. Bessin & Co., Berlin.

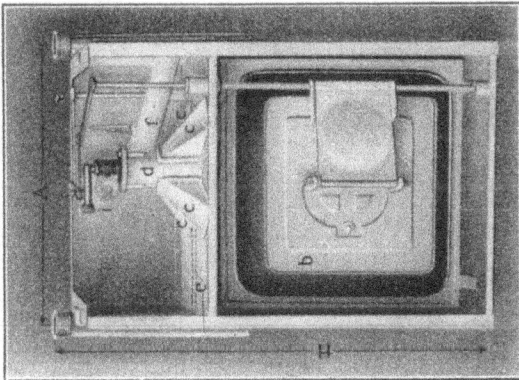

Abb. 52.

fabrik Mainz, G. Kromschröder, A.-G., Osnabrück, J. Pintsch-Akt.-Ges., Berlin, Schirmer, Richter & Co., Leipzig, nebst vielen anderen.

Die Gasbeleuchtung: Als »Leuchtgas« begann das Gas seine Laufbahn, wurde durch das Aufkommen der Elektrizität später bedrängt, bekam Hilfe durch das Gasglühlicht, wurde dann durch die elektrische Metallfadenlampe erneut angegriffen, ist aber auch für die Innenbeleuchtung der Räume noch nicht erledigt.

Offene Flammen kommen heute nur für Illuminationszwecke in Betracht. Werden sie zur Beleuchtung beansprucht, so muß reines Steinkohlengas vorhanden sein. Als Brenner kommen Schnittbrenner und der Argandbrenner in Betracht.

1826 trat als Vorläufer des Gasglühlichtes das Drummond-sche Kalklicht auf, das 1870 von Tessié du Motay verbessert wurde. Weitere Verbesserungen stammen von Clamond 1881 und Fahnejelm 1883. Daneben lief die Entwicklung des Platin-lichtes durch Cruckshanks 1839, Gillard 1846. 1886 kamen Carl Auer v. Welsbachs erste Glühkörper in Gebrauch, doch konnte erst 1892 den deutschen Gasfachmännern das Glühlicht öffentlich vorgeführt werden. Nachdem die Auerschen Patente 1896 wesentlich eingeengt waren, kam durch die Konkurrenz ein großer Aufschwung. Als Gewebe des Glühkörpers wurde ur-sprünglich Baumwolle, später Ramiegarn (Chinagras) und noch später Kunstseide verwendet. Es wird mit Nitraten von Thor und Cer (99% Thor, 1% Cer) getränkt, verascht und gehärtet. Glüh-körper aus Ramie haben sich bewährt, doch kommen jetzt Kunst-seidekörper mehr in Aufnahme (Kupferzelluloseseide und Kollo-diumseide). Für den Transport werden die gehärteten Glühkörper durch Tauchen in eine Lösung von Schellack in Äther schellackiert. Diese Schellackierung wird vor dem Gebrauch abgebrannt.

Die Ursache des hohen Lichteffekts des Gasglühlichtes ist auf Grund der Versuche von John, Nernst, Bose, Le Chate-lier, Boudouard, Rubens, Killing und Féry dahin erklärt, daß das Leuchten des Strumpfes nur durch die Wärmeentwick-lung erzeugt wird. Die Frage des Einflusses des geringen Cer-Prozentsatzes ist noch nicht endgültig gelöst. Die Flammentem-peratur gibt den Ausschlag. Sie ist abhängig vom Wärmeinhalt der Abgase und dem Flammenvolumen, wobei die geringeren Flammenvolumen die höheren Temperaturen liefern.

Zunächst entstand das stehende Gasglühlicht. Besonders die Firma J. Pintsch, Akt.-Ges., Berlin, war an der Ausbildung des Bunsenbrenners für dieses Glühlicht beteiligt. Praktisch brauchbar wurde es erst durch die widerstandsfähigeren Jenaglaszylinder der Firma Schott & Gen. in Jena [Abb. 55][1]). Düse, Mischrohr und Brennerkopf geben den Brenner. Die Ausströmungsmenge des Gases durch die Löcher in der Düse hängt ab vom Gasdruck und spezifischen Gewicht des Gases. Regulierdüsen ermöglichen die Anpassung an geänderte Verhältnisse.

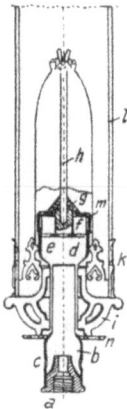

Abb. 55.
Stehendes Auerlicht.

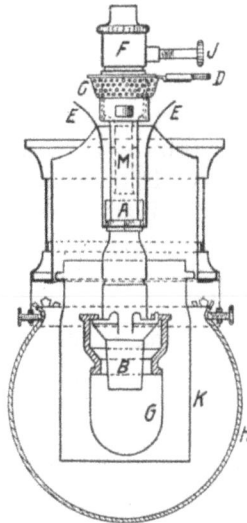

Abb. 56.
Graetzinbrenner.

Die Lichtstärke ändert sich mit der Brenndauer und soll bei 600 Brennstunden nur um 12 % gesunken sein. Es gibt Brenner von 16 bis 160 Hefnerkerzen Leuchtkraft mit einem Gasverbrauch in der Stunde von 20 bis 160 l.

In Anlehnung an die Ausbildung der Flamme in den Wenham-Lampen mit Luftvorwärmung kam man Anfang dieses Jahrhunderts dazu, Brenner zu konstruieren, bei denen die Flamme nach unten brannte. Es entstand das Hänge-Glühlicht. Dieser Fortschritt wurde aber erst in jahrelanger Arbeit erreicht. Erforder-

---

[1]) Aus Strache, Gasbeleuchtung und Gasindustrie. Braunschweig 1913, S. 959, Abb. 380 (aus Bertelsmann, Lehrbuch der Leuchtgasindustrie).

72

lich ist, daß der Gasdruck in den Leitungen nicht unter 30 mm WS sinkt. Die erste Konstruktion stammte von Berndt und Cervenka 1901 und wurde fast gleichzeitig von Farkas in Paris und London angewendet. Es konnte sich nicht durchsetzen, erst das Mannesmann-Patent brachte das erfolgreiche Prinzip, indem sich die Flamme bereits innerhalb des Glühkörpers nach oben wendet. Dieses Patent wurde angefochten, aber auch viel nachgeahmt, bis schließlich Ehrich und Graetz eine brauchbare Konstruktion schufen. Grundsätzlich unterscheidet man Hängelicht mit und ohne Zugzylinder. Zu der ersten Gruppe gehört das Mannesmann-Patent und der Graetzin-Brenner, den Abb. 56 zeigt [1]).

Die üblichen Brennergrößen sind 10 bis 100 Hefnerkerzen bei einem stündlichen Gasverbrauch von 15 bis 100 l.

Durch verstärkte Luftzufuhr zu dem Bunsenbrenner und damit erhöhter Entzündungsgeschwindigkeit des Gasluftgemisches wird das Flammenvolumen kleiner. Dadurch wird die Wärmestrahlung geringer und die Wärmekonzentration größer. Gibt man dem Gas erhöhten Druck, so daß es nicht nur 30 bis 50% seines Luftbedarfs ansaugt, sondern die ganze erforderliche Luftmenge, so erhält man heißere Flammen und damit höhere Glühkörpertemperaturen. Das gibt einen stärkeren Lichteffekt und günstigere Ökonomie. Für gleiche Lichtstärken werden die Glühkörper kleiner. Für das Niederdruckstarklicht ist mit 0,6 bis 0,8 l Gas je Hefnerkerze zu rechnen, bei Ausführung bis 2000 Hefnerkerzen (4 Flammen). Vom Niederdruckstarklicht kam man so zur Preßgasbeleuchtung, die zuerst von Rothenberg, Salzenberg, Knapp & Steilberg, Graetz, Keith, Blackmann, Onsow, Selas-Gesellschaft u. a. ausgeführt wurde. In Deutschland und England faßte sie rach Fuß. Gewöhnlich wird das Gas auf 1340 bis 1400 mm WS Druck durch besonderes Gebläse gebracht. Bei den Brennern hat sich die Vorwärmung der Luft (Invert-System) eingeführt. Auch Preßluft wird für Invertlicht verwendet. Die Luft wird dabei auf 1340 bis 1400 mm WS Druck gebracht. Ein Repräsentant ist das Pharos-Licht. Ein Mittelding zwischen Preßgas- und Preßluftbeleuchtung ist die Selas-Beleuchtung, bei der ein Gas-Luftgemisch auf 250 mm WS (für Industriefeuerung 1400 mm WS) komprimiert und den Brennern zugeführt wird. Dabei wird aus Sicherheitsgründen

[1]) Aus Strache, Gasbeleuchtung und Gasindustrie. Braunschweig 1913, S. 968, Abb. 386.

auf 1 Teil Gas 1½ Teile Luft zugemischt. Sie läßt sich auch für kleine Brenner verwenden. Das Hauptanwendungsgebiet dieser Preßgas- und Preßluftbeleuchtung ist die Straßenbeleuchtung, doch auch dort, wo diese Brennersysteme für industrielle Zwecke verwendet werden. Bei dieser Gruppe von Brennern ist zu rechnen mit: 1000 bis 2260 Hefnerkerzen Leuchtkraft bei 500 bis 970 l Gasverbrauch für das Selas-Hängelicht; 500 bis 4000 Hefnerkerzen und 250 bis 1800 l Gas für das Graetzin-Hängelicht und 1000 bis 4000 Hefnerkerzen und 500 bis 1800 l Gas für das Pharos-Hängelicht.

Die Gasbeleuchtung der Innenräume ist viel angefeindet worden; Pettenkofer, Frankland, Rideal, Lewes, Nußbaum, Rubner u. a. haben den Gegenbeweis gebracht und Versuche Grubers haben ergeben, daß weder Kohlenoxyd noch schweflige Säure, auch nicht in Spuren, in der Zimmerluft nachzuweisen waren. Die Selbstlüftung ist dabei von Wichtigkeit.

Ein wichtiges Anwendungsgebiet ist noch heute die Straßenbeleuchtung, die als Niederdruck- und Preßgasbeleuchtung erfolgen kann. Für stehendes Glühlicht nimmt man 3,2 bis 4 m Lichtpunkthöhe, 15 bis 30 m Abstand in Hauptstraßen, bis 45 m in Nebenstraßen und bis 100 m in Kleinstädten. Die Brenner werden durch die Laternen vor Wind geschützt. Ihre Konstruktionen sind mannigfaltig. Das Hängelicht wird zu 1 bis 3 Flammen in eine Laterne gebaut. Die Lichtpunkthöhe ist 3,5 bis 4,5 m. Die Beleuchtung ist wirkungsvoller wie beim stehenden Glühlicht, und strahlt mehr nach unten. Die Preßgasstraßenbeleuchtung kennt 1000- bis 4500 kerzige Lampen und wird meist als Hängelicht ausgeführt. Berlin hat z. B. für 4000 kerzige Lampen 5,7 m Lichtpunkthöhe. Ein Beispiel für einen Hochmast gibt Abbildung 57. Zum Anbringen der Laternen dienen Wandarme und Kandelaber oder wie bei der Preßgasbeleuchtung Maste und Überspannungen, wobei das Gas in Schläuchen zugeführt wird. Für die Zündung der Straßenlaternen dienen Zündflammen, auch in Verbindung mit Fernzündung. Diese Fernzündung kann erfolgen durch Zünduhren, durch Druckluft oder Elektrizität, und durch vorübergehende Druckwellen im Gasdruck. Dafür gibt es viele Konstruktionen, die sich auch weitgehend eingeführt haben, z. B. von Himmel, Dr. Rostin (Meteor), Kilchmann, Bamag, Pintsch u. a. Für eine halbnächtige Laterne sind rd. 1500, für eine ganznächtige Laterne rd. 3000 Brennstunden zu rechnen. Die Lebensdauer der

Glühkörper ist 300 bis 550 Brennstunden bei der ersten Gruppe und 500 bis 850 Brennstunden bei der zweiten Gruppe.

Gasküche, -warmwasserbereitung und -heizung: Schon in den Anfängen der Gastechnik wurde an das Gas als

Abb. 57. Niederdruck-Starklicht (Ehrich & Graetz) am Hauptbahnhof in Essen. (Schleuderbetonmast 10 m hoch; Lichtpunkthöhe 9 m; 2 Laternen, je 3 Brenner; Gesamtlichtstärke 2000 HK.)

Wärmequelle gedacht, so heizte z. B. 1806 und 1807 Winsor einen Geschäftsraum seines Unternehmens mit Gas, 1825 nahm Rob. Hicks ein Patent auf eine Badeeinrichtung mit Gasfeuerung, 1833 erhielt Mallet ein Patent auf einen Brenner mit Luftzufuhr und in Birmingham wurde schon damals das Gas zum Löten verwendet. 1835 schuf Robinson in Edinburgh den ersten

Kochbrenner. 1835 führte J. Sharp in Southampton Gaskoch-
und -bratöfen bereits ein. Zwischen 1840 und 1850 bauten
Rickelts und Crossley die ersten Gasheizöfen und wenige
Jahre später W. Smith in London˙ die ersten Gasbadeöfen.
Alle Anlagen besassen leuchtende Flammen. Robinson und
Elsner versuchten mit halbentleuchteten Flammen zu arbeiten.
Erst 1855 kam der Erfolg mit Bunsens Erfindung seines nach
ihm benannten Brenners mit entleuchteter Flamme. Desaga,
der Mitarbeiter Bunsens, Elsner, später Wobbe und Buhe
in Deutschland, Pettit und Smith, John Wright und Thomas
Fletcher in England, Bengel und Vielliard in Frankreich
waren an der Konstruktion der einschlägigen Gasapparate besonders beteiligt.

Abb. 58. Doppelbrenner.

J. Sharp in Southampton und Magnus Ohren in London
führten schon in den 50er Jahren des 19. Jahrhunderts das Gas
zum Kochen und Heizen in England ein. Auch in Frankreich,
besonders Paris, wurde zur gleichen Zeit dieser Fortschritt erzielt.
Deutschland und das übrige kontinentale Europa blieben zurück,
trotz theoretischer Beschäftigung mit dieser Frage. Seit 1890
kam, besonders durch die rührige Werbung Rich. Goehdes in
Berlin und sein Schlagwort »Koche mit Gas« dieser Verwen-
wendungszweck des Gases mehr in den Vordergrund und führte sich
dann das Koch- und Heizgas auch ganz allgemein ein, so daß
es jetzt unentbehrlich geworden ist.

Brenner mit leuchtender und entleuchteter (Bunsen)-
Flamme bestehen seitdem nebeneinander. Die Brenner mit
Leuchtflammen sind in weiten Grenzen regulierbar, neigen aber
zu unvollkommener Verbrennung und sogar zum Verrußen; sie
eignen sich daher für mäßige Erwärmung (Zimmerheizung, Was-
sererhitzung, Rösten von Fleisch usw.); sie sind selbsttätig regelbar und ein- und ausschaltbar (Wasserautomaten, Heizkessel).

Die Bunsenbrenner neigen zum Zurückschlagen, sind daher nur bis ca. 30% kleinstellbar. Die erwähnten Nachteile der Leuchtflamme besitzen sie nicht (für Küchenherde, Industrie). Sonderkonstruktionen des Bunsenbrenners sind von Denayrouze,

Abb. 59. Wärmesteller-Kocher.

Kern, Méker (für Backöfen und Industrie) angegeben worden. Auch Preßgas-, Preßluft- und Selasbrenner gehören dazu (für Industriezwecke). Ebenso ist die flammenlose Oberflächenverbrennung, die fast gleichzeitig von Lucke in Nordamerika, Bone in England und Schnabel in Deutschland herausgebracht

Abb. 60. Gasherd.

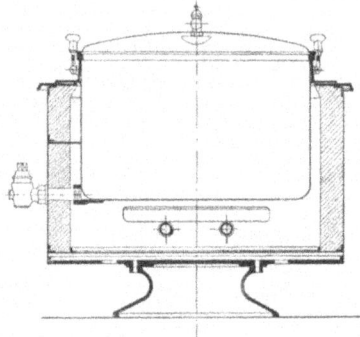

Abb. 61. Kochkessel.

wurde, zu erwähnen; sie gestattet 2000° C zu erreichen; das Gasluftgemisch in voller, zur Verbrennung erforderlicher Zusammensetzung wird in feuerfeste Steine oder Schüttung körnigen Kleinschlags solchen Materials gepreßt und verbrennt ohne Flamme. Für die Temperatureinstellung werden vielfach auch Regler verwendet, soweit die Brennersysteme dies gestatten.

Für den Küchenbetrieb, also zum Kochen, kommen fast ausschließlich Bunsenbrenner zur Verwendung, mit mindestens 450 l Gasverbrauch in der Stunde, die zum Kleinstellen einzurichten sind, da die große Flamme nur für das Ankochen benötigt wird. Dabei sind die Ringe umzukehren, damit die Abgase den Topf besser umspülen, doch muß der Spielraum zwischen dem grünen Flammenkern und dem Topfboden 2—10 mm

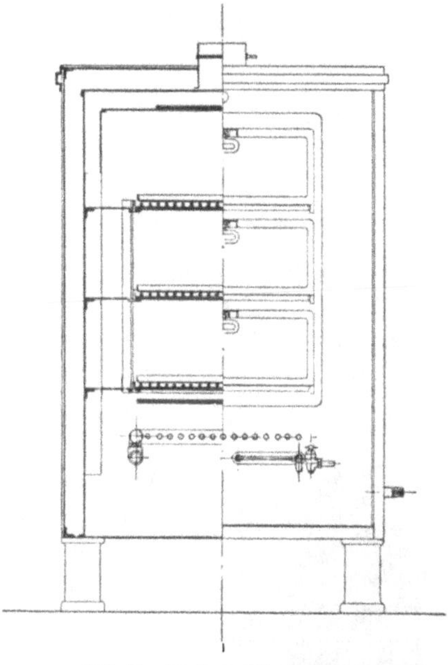

Abb. 62. Brat- und Backschrank.

betragen, und die Flamme nicht über den Topfboden hinausschlagen [Abb. 58][1]. Die Kocher — ein Zusammenbau von mehreren Brennern zum Aufstellen von Kochtöpfen — werden mit 1 bis 4 Kochstellen ausgeführt; so z. B. als einfache Platten nach Abb. 59: Wärmestellenkocher[2] wie auch im Zusammenbau mit Back- und Bratöfen als Herde nach Abb. 60: Gasherd[3]. Als Gassparer dienen Sonderkonstruktionen (Hauben), die das

[1] Aus Schilling-Bunte, Handbuch der Gastechnik, Bd. VIII, 1916, S. 95, Abb. 109.
[2] Aus Schilling-Bunte, Handbuch der Gastechnik, Bd. VIII, 1916, S. 97, Abb. 112.
[3] Aus Schilling-Bunte, Handbuch der Gastechnik, Bd. VIII, 1916, S. 106, Abb. 120.

Kochen einer mehrgängigen Mahlzeit auf einer Flamme ermöglichen. Neben der Verwendung des Heizgases in der Hausküche, also dem Kleinbetrieb, kommt immer mehr die Großgasküche (für Hotels, Krankenanstalten usw.) zur Anwendung [Abb. 61 [1])

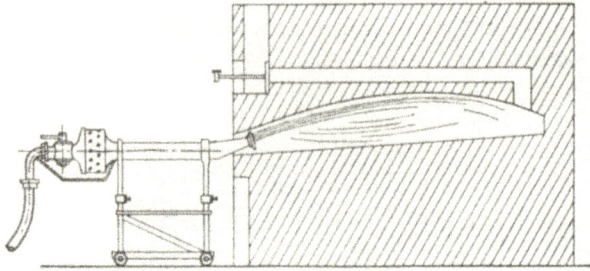

Abb. 63. Gasofen.

und Abb. 62] [2]). Über die Vorzüge und Billigkeit des Gasherdes besteht heute kein Zweifel mehr.

Auch für Metzgereien, Fischräuchereien usw., also für küchenähnliche Betriebe, kommen zum Kochen, Sengen, Schmalzsieden und Räuchern Gasherde, Kessel und Öfen zur Verwendung. Für Bäckereien und Konditoreibetriebe hat sich die Gasheizung der Öfen, von Frankreich ausgehend, rasch eingebürgert. Es werden sowohl die vorhandenen Öfen [Abb. 63] [3]), wie auch besondere für Gasheizung gebaute Öfen benützt [Abb. 64] [4]). Für Baumkuchen und Waffelbäckereien ist Gasbetrieb unentbehrlich geworden.

Abb. 64. Askania Backofen.

[1]) Aus Schilling-Bunte, Handbuch der Gastechnik, Bd. VIII, 1916, S. 110, Abb. 121.

[2]) Aus Schilling-Bunte, Handbuch der Gastechnik, Bd. VIII, 916, S. 111, Abb. 122.

[3]) Aus Schilling-Bunte, Handbuch der Gastechnik, Bd. VIII, 1916, S. 125 (oben), Abb. 139.

[4]) Aus Schilling-Bunte, Handbuch der Gastechnik, Bd. VIII, 1916, S. 135, Abb. 151.

Für die Warmwasserbereitung kommen jetzt Apparate zur Verwendung, die das Wasser mit dem vollen Leitungsdruck aufnehmen; die Heizkörper sind so ausgestattet, daß die Abgase, vom Wasser durch Metallwände getrennt, mit diesem im Gegenstrom stehen. Die Temperatur des abfließenden Wassers ist regelbar, auch mittels besonderer Regler. Als Anwendungsgebiete kommen in Betracht: Badeöfen, Heißwasserautomaten, Heißwasservorratserwärmer, Heißwasservorratszentralen. Das jetzt überwiegend zur Anwendung kommende System des geschlossenen Badeofens fordert Vergrößerung der Heizfläche, was nach dem Vorschlag von Junkers durch Lamellen geschieht [Abb. 65][1]). Die Badeöfen sind mit doppelter Hahnsicherung versehen: Wasser- und Zündflammenhahn müssen geöffnet sein, bevor der Gashahn geöffnet werden kann; es muß aber auch der Gashahn geschlossen sein, bevor der Wasserhahn geschlossen werden kann. Für ein Vollbad sind 180 bis 200 l Wasser zu rechnen, die in 10 bis 15 Minuten von 10⁰ auf 35⁰ C erwärmt werden. Einfamilienhaus- und Etagenzentralheizung durch Warmwasser läßt sich mit der Heißwasserzentrale verbinden.

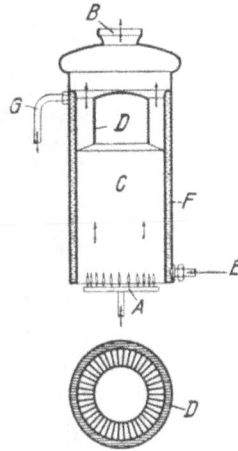

Abb. 65. Junkers Badeofen.

Die Ausbildung der Gebrauchsapparate für die Gasküche und Warmwasserbereitung ist die Arbeit einer Reihe von Firmen, so besonders der Askaniawerke A.-G., Dessau (vorm. Centralwerkstatt der Deutschen Continental Gasgesellschaft, Dessau), Junker & Ruh, Karlsruhe, Otto Junkers, Köln (Prof. Junkers Apparate), Homann-Werke, Elberfeld, G. Meurer, A.-G., Dresden, Schulz & Sackur, A.-G., Berlin, Senkingwerk, A.-G., Hildesheim, F. Siemens, A.-G., Dresden, Joh. Vaillant, Remscheid, und vieler anderer.

Für die Gasheizung kommen entweder Einzelöfen in Betracht oder Gasheizung zentraler Warmwasser- oder Dampfheizkessel. Einzelöfen eignen sich gut zur Kirchen- und Saalheizung, für die Übergangsmonate im Frühjahr und Herbst zur direkten Zimmerheizung und für die Heizung nicht viel benutzter,

¹) Aus Schilling-Bunte, Handbuch der Gastechnik, Bd. VIII, 1916, S. 34, Abb. 17.

z. B. Repräsentationsräume. Durch die moderne Ausbildung der Gasheizöfen zum Kaminfeuer werden ansprechende Wirkungen erzielt. Die Brenner sind jetzt fast allgemein Leuchtbrenner. Selbsttätige Temperaturregelung soll stets benützt werden. Die vorstehend genannten Firmen haben sich auch an der Ausbildung dieser Gasverbrauchsapparate sehr wesentlich beteiligt, außerdem z. B. auch die Firmen Houben-Werke, A.-G., Aachen,

Abb. 66. Houben-Ofen.

Kutscher, Leipzig, u. a. Einige Ofentypen zeigen Abb. 66[1]), 67[2]), 68[3]). Für die Heizung der Zentralheizungen können entweder für Warmwasserversorgungen Großwarmwassererhitzer neben die zur Reserve bleibenden Gliederkessel gestellt oder auch diese mit Brenneranlagen ausgerüstet werden; das letztere gilt auch für Dampfkessel. Diese besonderen Brenneranlagen können entweder Bunsenbrenner mit Gas- und Luftregulierung sein,

[1]) Nach einem Bildstock der Houben-Werke, A.-G., Aachen.
[2]) Nach einem Bildstock des Eisenwerks Meurer, Cossebande bei Dresden.
[3]) Aus Schilling-Bunte, Handbuch der Gastechnik, Bd. VIII, 1916, S. 78, Abb. 81.

oder Backofenbrenner, oder Selas- und Pharosbrenner. Besonders in den Gebieten der Kokereigasversorgungen haben sich diese mit Gas geheizten Zentralheizungen gut eingeführt.

Alle Gasöfen müssen auch ohne Schornsteinzug brennen. Die Abgase sind aber ins Freie zu führen, wobei für Schornsteinanschlüsse Zugunterbrecher einzuschalten sind, doch können die Anschlüsse auch direkt durch die Wand ins Freie geführt werden. Auf die Ableitung des Schwitzwassers ist Bedacht zu nehmen. Als Schornsteine sind glasierte Tonrohre zu empfehlen, die keine Kohlenofenanschlüsse erhalten dürfen.

Für die Bedienung der Brenner gilt: Das Zündmittel muß unbedingt vor Aufdrehen des Gashahnes brennen; erlischt es und war der Gashahn schon offen

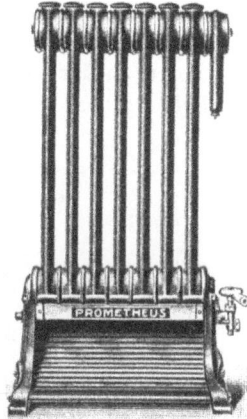

Abb. 67. Meurer-Radiatorofen.

gewesen, so ist dieser zu schließen und eine Weile zu warten. Leuchtende Flammen müssen über der nichtleuchtenden Flammenwurzel eine klare, begrenzte, leuchtende Flammenscheibe geben (Störungen kommen von zu hohem Gasdruck — also Brenner drosseln —, oder vom Schornsteinzug — was durch Öffnen eines Fensters auf der Windseite behoben werden kann). Entleuchtete Flammen (Bunsenbrenner) müssen kurze, straffe, blaue Flammen mit scharf abgegrenztem, grünen oder blaugrünen Kern haben. Störungen kommen vom Zurückschlagen oder zu wenig Primär- und Sekundärluft. In beiden Fällen brennt die Flamme rotviolett, rot oder auch mit gelber Spitze. Bei zurückgeschlagenem Brenner ist der Gashahn zu schließen und erst nach einer

Abb. 68. Englischer Gaskamin.

Weile der Brenner wieder anzuzünden. Kommt das Zurückschlagen vom Schornsteinzug, so genügt Öffnen einer Tür oder eines Fensters.

Im zweiten Falle — des Luftmangels — ist entweder der Gashahn zu drosseln oder die Luftöffnungen weiter zu öffnen.

Gas für gewerbliche Zwecke: Neben den bereits erwähnten Gasöfen für Metzgerei-, Räucherei-, Bäckerei- und
Wäschereibetriebe kommt das Gas für Bügeleisen und Plätt-
maschinen, in der Textilindustrie für das Sengen, für Leimtiegel
und Faßentpichanlagen, für Schmelzapparate für Buchdruckmasse

Abb. 69. Selas-Maschine.

und Gieß- und Setzmaschinen, für Trockenöfen, Glasmaleröfen
und Desinfektionskammern in Krankenanstalten, für Lötkolben
und Lötpistolen (Hartlöten), für Schmelzöfen zum Schmelzen
von Gold, Silber, Kupfer, Messing, Eisen, Lagermetall usw. sowie
für Spritzguß (Schoop-Zürich) in Betracht. Ein Hauptanwendungsgebiet ist zum Schweißen, Schmieden, Glühen, Härten, Anwärmen
von Nieten, Bolzen, Röhren, Radreifen u. a. Diesen vielen An-
wendungsgebieten entspricht eine große Mannigfaltigkeit der
Beheizung technischer Gasfeuerstätten. Als Beispiel werden

zunächst einige Selas-Anlagen im Bilde gegeben [Abb. 69[1]), 70[2]), 71[3]); 72[4]), 73[5]), 74[6])]. Auch auf dem Gebiete der Einführung des Gases für technische Zwecke haben sich eine ganze Reihe von Firmen hervorgetan, so die Selas-Gesellschaft, die Fa. Alfred H. Schütte, Köln, de Fries & Co., Düsseldorf, R. F. Dujardin & Co., Düsseldorf, Deutsche Gold- und Silberscheideanstalt, Frankfurt a. M. und viele andere.

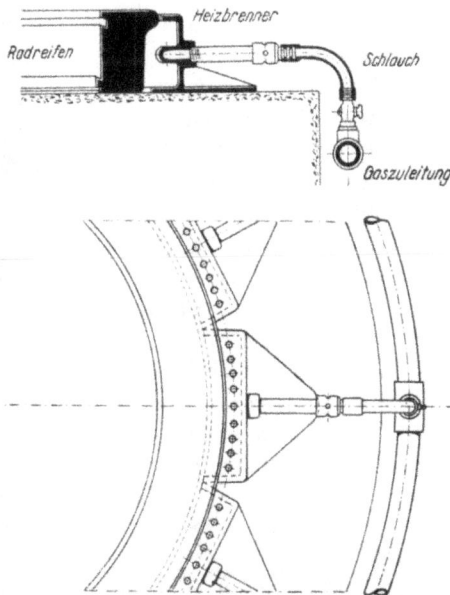

Abb. 70. Selas Radreifen-Beheizungseinrichtung.

Gasmaschinen: Lebon hatte bereits 1801 ein französisches Patent für eine Explosionsmaschine erhalten, aber erst 1852 gelang es Christian Reithmann, einem Münchener Uhrmacher, eine Gasmaschine mit Wasserstoff und 1858 mit Leuchtgas zu

---

[1]) Aus Selas-Katalog, Ausgabe 9, Beheizung, S. 5, Abb. 1.
[2]) Aus Selas-Katalog, Ausgabe 9, Beheizung, S. 21, Abb. 18.
[3]) Aus Selas-Katalog, Ausgabe 9, Beheizung, S. 22, Abb. 22.
[4]) Aus Schilling-Bunte, Handbuch der Gastechnik, Bd. VIII, 1916, S. 155, Abb. 177.
[5]) Aus Schilling-Bunte, Handbuch der Gastechnik, Bd. VIII, 1916, S. 155, Abb. 179.
[6]) Aus Schilling-Bunte, Handbuch der Gastechnik, Bd. VIII. 1916, S. 170, Abb. 210.

betreiben. Er fand keine geldliche Unterstützung, obwohl damals
in Frankreich Hugon und später Lenoir auch Gasmaschinen
bauten und sich dafür einsetzten und die Italiener Barsanti und

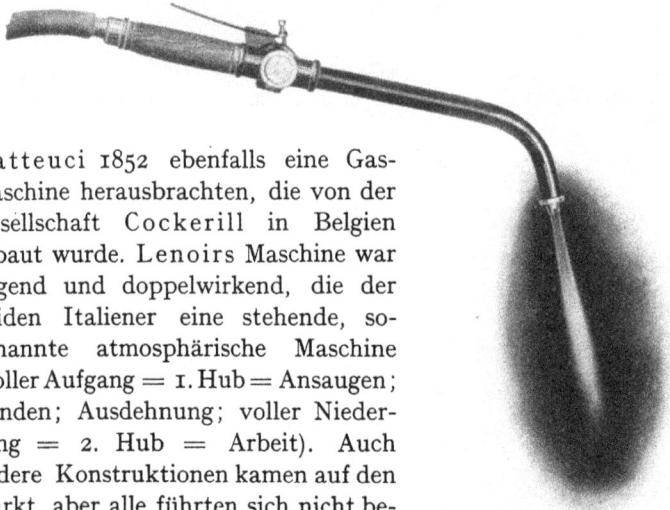

Abb. 71. Selas-Lötpistole.

Matteuci 1852 ebenfalls eine Gasmaschine herausbrachten, die von der
Gesellschaft Cockerill in Belgien
gebaut wurde. Lenoirs Maschine war
liegend und doppelwirkend, die der
beiden Italiener eine stehende, sogenannte atmosphärische Maschine
(voller Aufgang = 1. Hub = Ansaugen;
Zünden; Ausdehnung; voller Nieder-
gang = 2. Hub = Arbeit). Auch
andere Konstruktionen kamen auf den
Markt, aber alle führten sich nicht besonders ein. Da brachte die Pariser
Ausstellung 1867 eine stehende atmosphärische Maschine der beiden Deutschen Langen und Otto

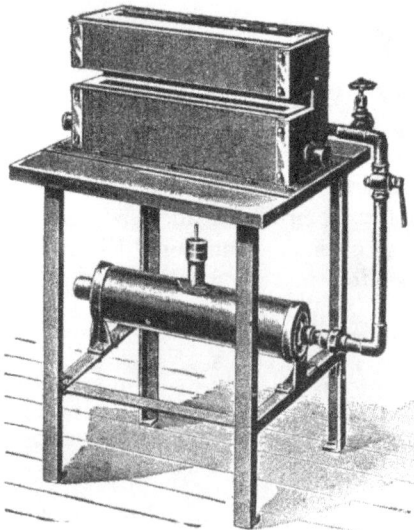

Abb. 72. de Fries-Schmiedefeuer.

mit einem Gasverbrauch
von nur 0,9 bis 1 m³ für
die Pferdestärke (PS) und
Stunde. Diese Maschine
führte sich ein; 1878 liefen
bereits 4500 Stück. Kon-
kurrenzmaschinen kamen
in Deutschland und Eng-
land auf von Gilles, Tur-
ner, Simon und Bishop,
wurden aber durch Ottos
neuen Motor verdrängt, der
1875 unter der Mitarbeit von
Daimler und Maybach
bei der Gasmotorenfabrik
Deutz, A.-G., Köln, heraus-
kam. Vor Otto war der von
ihm jetzt verwendete Vier-

takt mit Vorverdichtung der Ladung schon bekannt, doch
schuf er bei der Gasmotorenfabrik Deutz, A.-G., Köln, die
praktisch brauchbare Maschine. Der Viertakt: 1. Hub = Ansaugen, 2. Hub = Kompression, — Zünden —, 3. Hub
= Arbeit, 4. Hub = Auspuff. Als Konkurrenz kamen Zwei-
taktmaschinen auf von Clerk (1880), Witting und Hees,
Körting-Lieckfeld (1881), Benz (1883), die das Gas-Luftgemisch durch Pumpen in den Treibzylindder gedrückt erhalten.

Abb. 73. Méker-Waffelofen.

Diese Maschinenart erhielt erst später größere Bedeutung. In
Verbindung mit Generatorgasanlagen (Sauggas), einer Konstruktion Emerson Dowsens in England, führte sich die Gasmaschine
noch stärker ein. Nur langsam ging der Gasmaschinenbau zu
größeren Leistungen über. 1892 bauten Delamare-Deboutteville in Paris eine einzylindrige Maschine mit 220 PS, 1894 die
Gasmotorenfabrik Deutz, A.-G. (Otto), eine 200 PS-Maschine
und 1898 wurde in Hoerde die erste 600 PS-Gichtgasmaschine
in Betrieb gesetzt, die eine Zweitaktmaschine von Oechelhäuser
und Junkers, gebaut von der Berlin-Anhaltischen Maschinenbau-A.-G. Dessau, war. 1898 nahm die Gesellschaft Cockerill

86

eine 200 PS-Gichtgas-Viertaktgasmaschine in Betrieb; 1899 baute
Cockerill eine Viertakt-Tandem-Gasmaschine von 600 PS für
Gichtgasbetrieb nach dem System Delamare-Deboutteville.
Seit 1904 nahm der Großgasmaschinenbau seinen Aufschwung,
nachdem die Frage der Gichtgasreinigung (Staub) gelöst war.
Um 1905 brachte die Maschinenfabrik Augsburg-Nürnberg
(Konstrukteur Hans Richter) die doppeltwirkende Vier-
taktmaschine heraus, die also, wie bei den Dampfmaschinen,
beide Kolbenseiten zur Arbeitsleistung benützt. Dieser Typ
bildet für Großgasmaschinen jetzt den Abschluß der Entwicklung und wird von verschiedenen Großfirmen im In-
und Auslande gebaut.

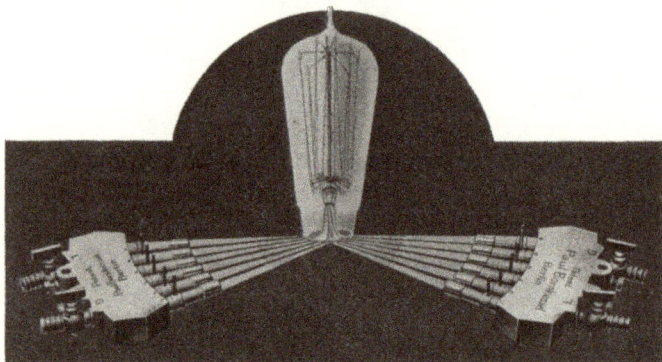

Abb. 74. Kreuzfeuer für Glühlampenfabrikation.

Aus der Gasmaschine entwickelte sich aber auch die Maschine für flüssige Brennstoffe (Capitaine, Söhnlein,
Diesel u. a.), sowie in gewisser Hinsicht die Humphreys Gas-
pumpe, bei der die Schwingungen einer Wassersäule in einem U-
Rohr zur Durchführung des Gasmaschinenprozesses benützt
werden. In einfachster Ausführung besteht die Pumpe aus dem
Verbrennungsrohr — dem einen U-Rohrschenkel — ausgestattet
mit der Ventilhaube, dem wagerechten Arbeitsrohr mit Saug-
behälter und dem Steigerohr und dem anderen U-Rohrschenkel.
Durch die Entzündung der Ladung im Verbrennungsrohr kommt
die Wassermenge in Bewegung, erzeugt dadurch Unterdruck, wodurch Spülluft angesaugt wird zur Füllung des sogenannten
Gasprallraumes. Durch die lebendige Kraft des Wassers wird
Wasser im Saugrohr nachgesaugt.

Versuche die Gasturbine zu schaffen, sind noch nicht vollständig abgeschlossen, obwohl bereits größere Versuchsmaschinen
vorhanden sind (Holzwarth-Thyssen u. a.).

Nach dem heutigen Stand der Entwicklung ist die Klein- und
die Großgasmaschine betriebssicher durchgebildet, wie auch aus
der umfangreichen Verwendung der Ölmaschine für Automobil-,
Flugzeug-, Flugschiff- und Schiffszwecke hervorgeht. Es ist nur
zu bemerken, daß gerade die Großgasmaschine besonders im Betriebe der Hüttenwerke das Feld noch behauptet, während die
Kleingasmaschine unter der Konkurrenz des Elektromotors einen
schweren Stand hat. Anschluß, Betrieb, Raumbedarf und Preis
der Anlage erschweren die Einführung der Kleingasmaschine im
Gebiete der großen Stromversorgungen [Abb. 75][1]).

Gas für Ballonfüllung: Jean Pieter Minckelers,
Professor der Universität Löwen, hatte mit zwei anderen Gelehrten
vom Herzog Ludwig Engelbert von Arenberg 1783 den Auftrag
erhalten, ein brauchbares Gas für Ballonfüllung zu suchen.
Am 1. Oktober 1783 destillierte er bereits Fettkohle und später
auf den Vorschlag Thysbaerts, des zweiten Bewerbers, auch
Magerkohle. In beiden Fällen erhielt er ein Steinkohlengas, das für
den Zweck geeignet war, und auf den Vorschlag Thysbaerts
wurden eiserne Rohre als Retorten benutzt, die 20 Pfd. Kohle
faßten, wovon 4 Retorten durch eine gemeinsame Feuerung
erhitzt wurden. Am 21. November 1783 wurde im Park des
Schlosses Héverlé des Herzogs von Arenberg die erste Ballonfüllung vorgenommen.

Fast zu gleicher Zeit hat Alexander Lapostalle, Professor
an der Medizinschule in Amiens, Versuche in ähnlicher Richtung
unternommen und empfahl in einem Briefe vom 4. Januar 1784
an das Journal de Paris das Steinkohlengas zur Ballonfüllung.
Minckelers und Lapostalle haben danach zuerst das Steinkohlengas zur Ballonfüllung verwendet, Minckelers aber auch
noch als Leuchtgas; es bestehen also alte Beziehungen zwischen
Gastechnik und Luftschiffahrt. In England nahm sich später
Green dieses Vorschlages an und unternahm 1836 von London
eine Fahrt mit einem Ballon, der mit Steinkohlengas gefüllt war.
Er landete nach 16 Stunden Fahrt in Weilburg, Hessen-Nassau,
und 1870/71 stiegen aus dem belagerten Paris 64 Ballone auf.
In der nachfolgenden Zeit, besonders seit Beginn dieses Jahrhun-

---

[1]) Aus Zeitschrift des Vereins deutscher Ingenieure, 1925, S. 1249,
Abb. 52.

88

derts, führte sich die Ballonfahrt als Sport mehr ein und bestehen eine ganze Reihe von Ballonfüllstationen, z. B. Hannover, Krefeld, Stuttgart, Frankfurt a. M., Dresden, Gelsenkirchen, Berlin, Zürich u. a. [Abb. 76][1]). Zur Füllung sind Gasdrücke bis zu 1400 mm WS verwendet worden.

Um ein sehr leichtes Ballongas zu erhalten, wurden verschiedene Vorschläge auch praktisch ausgeführt. So wird gereinigtes Steinkohlengas auf hohe Temperatur erhitzt, wobei der Wasserstoffgehalt zunimmt und fester Graphit sich ausscheidet. Dieses Verfahren ist auf die Franzosen E. Vial (1868), Tessié du Motay und Maréchal zurückzuführen. 1883 empfahl J. Jeserich diese Zersetzung des Gases für die Luftschiffahrt. H. Bunte schlug vor, das Steinkohlengas durch den heißgeblasenen Generator zu leiten und W. von Oechelhäuser (Deutsche Continental Gasgesellschaft) leitete das Steinkohlengas durch eine Vertikalretorte, die mit kleinstückigem Koks angefüllt war. Man erhielt 80% Wasserstoff und nur etwa 7% Methan. Horizontalretortenöfen gaben noch bessere Ergebnisse (Dessauer Ballongas). Ähnlich dem Vorschlag H. Buntes schlug die Berlin-Anhaltische Maschinenbau-Aktiengesellschaft, Berlin, und O. Nauß die Verwendung des Wassergasgenerators vor. Rincker und Wolter zersetzten im Generator an Stelle des Steinkohlengases Gasöl, Teer oder billige Ölrückstände (Berlin-Anhaltische Maschinenbau-Aktiengesellschaft, Berlin). Ein diesem Verfahren ähnliches wendete G. Waring (Omaha, U. S. A.) an. Durch Zersetzung von Petroleum wurde in Rußland Ballongas zu erzeugen versucht. Die Carbonium-G. m. b. H., Friedrichshafen, zersetzt Azetylen durch den elektrischen Funken zur Wasserstoffgewinnung. R. P. Pictet erreicht die Zersetzung durch einfaches Erhitzen des wenig komprimierten Azetylens.

Wasserstoff aus Wassergas zu erzeugen wird durch Ausscheidung aller übrigen Bestandteile aus dem Wassergas erzielt. Es sind die Verfahren von: Frank-Caro-Linde, bei welchem Wassergas komprimiert und mit Wasser von Kohlensäure befreit wird, dann im Linde-Apparat (flüssige Luft als Kühlmittel) auf etwa — 200° C gekühlt, wodurch bei — 192° C Kohlenoxyd und bei — 196° C Stickstoff verflüssigt wird, während Wasserstoff gasförmig bleibt. Man erhält eine Fraktion mit 97 bis 97,5% Wasserstoff. Sie wird in einem Ofen über Natronkalk geleitet, der auf 180° C

---

[1]) Aus Schilling-Bunte, Handbuch der Gastechnik, Bd. VIII, S. 226, Abb. 268.

Abb. 75. Großgasmaschinenanlage zum Antrieb von Gebläsemaschinen in einem Hüttenwerk.

90

erhitzt wird, wodurch Kohlenoxyd bis auf Spuren entfernt wird. Danach besitzt das Gas 99,2 bis 99,4% Wasserstoff und 0,8 bis 0,6% Stickstoff. Das spezifische Gewicht wird von 0,094 bis auf 0,077 herabgesetzt. Das Gas verläßt den Apparat mit 50 at Druck.

Abb. 76. Ballonfüllung für die internationale Wettfahrt Berlin 1906.

Die zweite Fraktion enthält 80 bis 85% Kohlenoxyd und wird in der Gasmaschine zur Deckung des Kraftbedarfs der Anlage verwendet. Gebaut werden die Anlagen von der Berlin-Anhaltischen Maschinenbau-Aktiengesellschaft, Berlin, in Ver-

bindung mit der Gesellschaft für Lindes Eismaschinen, A.-G. Das Verfahren der Badischen Anilin- und Soda- fabrik in Ludwigshafen geht auch vom Wassergas aus. Es wird mit Hilfe einer Kontaktmasse (Eisenoxyd) durch Dampf das Kohlenoxyd in Kohlensäure übergeführt, die leicht entfernbar ist. Es werden schließlich noch die Reste von Kohlensäure und Kohlenoxyd entfernt. Man erhält Gas mit 98% Wasserstoff. Nach dem Verfahren der Chemischen Fabrik Griesheim- Elektron wird Wassergas mit einem Überschuß von Wasser- dampf über erhitzten Ätzkalk (400 bis 500°C) geleitet. Der erzeugte kohlensaure Kalk wird durch Brennen regeneriert und kann wieder benützt werden. Strache verwendet in ähnlicher Weise Kalikalk, wozu nur 180°C erforderlich sind. Ähnliche Verfahren sind im Ausland vorgeschlagen worden. Die Firmen Berlin-Anhaltische Maschinenbau-Aktiengesellschaft, Berlin, J. Pintsch-A.- G., Berlin, und Carl Frankes Wasserstoffgas G. m. b. H., Bremen, arbeiten auch nach einem Verfahren, wobei Wassergas zum Heizen von Schachtöfen auf 800°C benützt wird; über das rotglühende Eisen in den Schachtöfen wird Wasserdampf ge- leitet und das so gebildete Eisenoxyduloxyd wird mit Wassergas wieder reduziert.

Zu diesen Ballonfüllgasen gehört auch das Helium, das in Nordamerika zur Füllung der Zeppelin-Luftschiffe verwendet und aus Naturgas gewonnen wird.

7. Die Großgasversorgung.

Neben der Gasversorgung der Hüttenwerke für Heiz- und Kraftzwecke mit dem in den Hochöfen erzeugten Gichtgas und Kokereigas sowie den Gasversorgungen in der chemischen Indu- strie für gleiche Verwendungszwecke besteht die öffentliche Gasversorgung zur Belieferung der Verbraucher mit Gas, die jetzt auf ein hundertjähriges Bestehen zurückblicken kann. Immer mehr kam auch in den Gaswerken die Verwendung von Öfen mit großen Destillationsräumen auf, so daß in dieser und auch vieler anderer Hinsicht moderne Großgaswerke sich in Bau und Betrieb dem Kokereityp anglichen. Da nun in dieser Hinsicht die Kokerei unbestritten die niedrigsten Gaserzeugungskosten gibt, liegt der Gedanke nahe — und wurde auch im In- und Ausland schon zu verschiedenen Zeiten aufgegriffen — die Gaserzeugung auf den Kokereien der Kohlenreviere zu zentralisieren. Durch die bestehenden Kokereigasversorgungen von den deutschen Steinkohlenrevieren (Ruhr, Saar, Nieder- und Oberschlesien), werden große Landesteile schon seit der Vorkriegszeit mit Gas versorgt und sind besonders im Westen das Rheinisch-Westfälische Elektrizitätswerk, A.-G. in Essen und die Fa. Thyssen & Co. in Mülheim-Ruhr in dieser Hinsicht bahnbrechend vorgegangen. Ähnlich läßt sich natürlich auch eine Zentralversorgung in anderen Landesteilen ermöglichen, was auch schon vielerorts im Gang ist.

Neben der Großgaserzeugung kommt dabei der Großgastransport in Frage. Die Technik der Gasfernleitung besteht im Bau und Betrieb großer Kompressoren und Leitungen. Rechnet man selbst mit Naturgasdrucken (28 at) so sind die Kompressoren bereits durchgebildet und für die Leitungen stehen die Erfahrungen der Naturgasversorgung — besonders Nordamerikas — zur Verfügung. Heute ist für den Leitungsbau außerdem die Technik der autogenen und elektrischen Schweißung benutzbar.

Bei den heutigen Kohlenpreisen und Arbeitsverhältnissen kann das Kokereigas mit 3 bis 3,25 Pf./m³ (4200 WE ob., 0⁰ C, 760 mm QS) ab Zentralkokerei geliefert werden und stellt sich auf Grund eingehender Rechnungen die Lieferung frei zu versorgender Gaswerke nach dem Versorgungsradius: für 300 km auf rd. 5 bis 5,5 Pf./m³, für 400 km auf rd. 5,5 bis 6 Pf./m³ und für 500 km auf rd. 6 bis 6,5 Pf./m³. Diese Preise würden die Möglichkeit der Ausführung zulassen, was auch im Interesse einer Verhinderung von Geldverzettelung durch Einzelbauten auf den Gaswerken ist, zu der wir jetzt wenig Veranlassung haben. Leider fehlt aber dem Gasfach jene Führung, welche die Elektrizität in der Entwicklung zur Überlandversorgung durch die großen Gesellschaften der Elektrizitätsindustrie gehabt hat. Der Kohlenbergbau kann sich damit nicht beschäftigen. Es bleibt daher nur der Zusammenschluß von Erzeugern und Verbrauchern in Gesellschaftsform und die Unterstützung durch die Behörden in der Wegerechtsfrage, um auch diese weitere Entwicklung der Gasversorgung zu ermöglichen. Da Gas und Elektrizität Kohlenenergie bedeuten, so ist eine solche Parallelentwicklung gegeben und lebensberechtigt. Wird so die Gaserzeugung für die öffentliche Gasversorgung mit der Kokserzeugung für die Hütten und die chemische Industrie verbunden und dafür Zentralkokereien in den Kohlenrevieren Ruhr und Oberschlesien errichtet, so könnten diese Mittelpunkte der Gaserzeugung die deutschen Gaswerke wirtschaftlich mit Gas versorgen. Diese projektierte Großgas-

versorgung bietet einen Ausblick auf einen weiteren wirtschaft-
lichen Aufbau der gesamten öffentlichen Gasversorgung durch
Zentralisierung der Erzeugung, eine Entwicklung, in der die
Elektrizität bereits weit vorgeschritten ist [Abb. 77][1]).

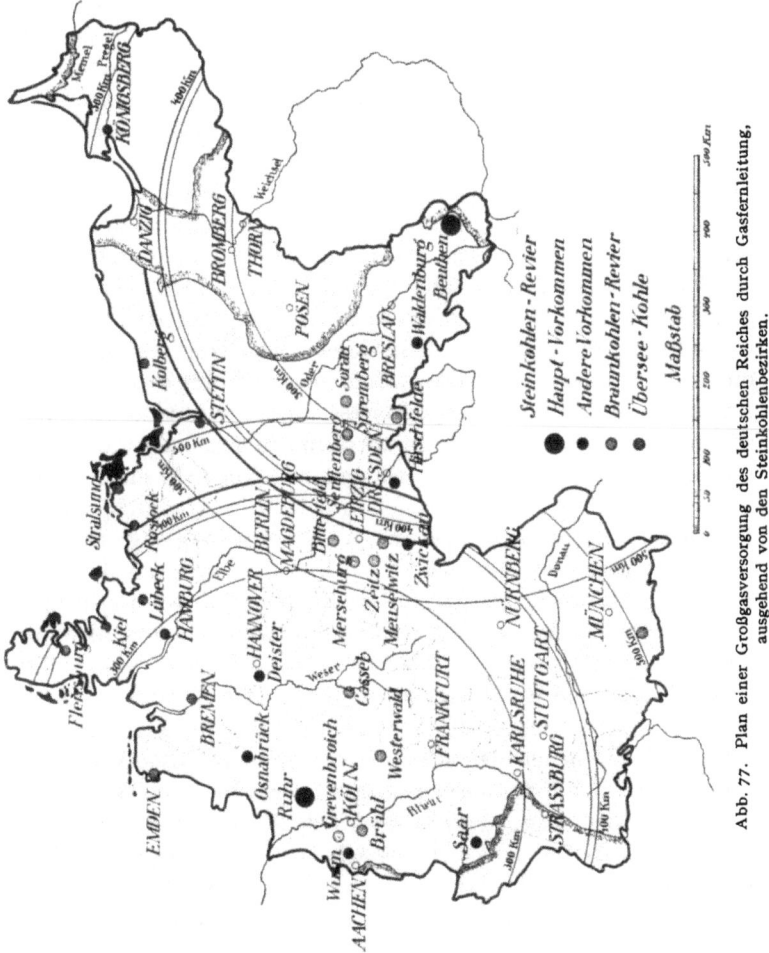

Abb. 77. Plan einer Großgasversorgung des deutschen Reiches durch Gasfernleitung, ausgehend von den Steinkohlenbezirken.

8. Schlußbemerkungen.

Die Steinkohlenveredelung — durch den Vorgang der Verkokung und Gewinnung der anfallenden Erzeugnisse — ist eine

---

[1]) Aus Zeitschrift des Vereins deutscher Ingenieure, 1925, S. 546,
Abb. 4.

volkswirtschaftlich wichtige Industrie. Trotz hundertjährigen Bestehens der öffentlichen Gasversorgung ist das Gasfach noch weiter entwicklungsfähig und sehr gesund. Gasbetriebe sind außerdem in Hüttenwerken und der chemischen Großindustrie vorhanden; auch die Azetylenverwendung zum autogenen Schweißen und Schneiden entwickelt sich gut weiter; die Herstellung und Verwendung von Sauerstoff und Wasserstoff führt sich weiter ein. Aber nicht nur diese Sondergebiete der Gastechnik entwickeln sich, auch die öffentliche Gasversorgung nimmt zu. Ein Beispiel ist die gute Entwicklung der Straßenbeleuchtung durch Niederdruck- und Preßgasstarklicht. Oft weiß aber die Öffentlichkeit nicht, daß es sich um eine Gasbeleuchtung handelt. Auch die Krafterzeugung ist nicht außer Wettbewerb; weder durch die Großgasmaschine in der Hüttenindustrie noch durch die Kleingasmaschine, obwohl nicht zu verkennen ist, daß der Elektromotor der Kleinindustrie Vorteile bietet. Dafür erobert sich neuerdings eine Abart — die Ölmaschine — das Feld, besonders als Antriebsmaschine der Transportmittel. Durch den Auto-Omnibus scheint selbst die elektrische Straßenbahn in den Großstädten erfolgreich bekämpft zu werden und sind auch Versuche mit Benzollokomotiven für die normalspurige Eisenbahn schon durchgeführt. Das Gebiet der Gasküche, Warmwasserversorgung, Raumheizung und für industrielle Zwecke könnte nur durch so niedrige Stromtarife angegriffen werden, wie sie bei der hierzulande jetzt herrschenden und bekannten Stromerzeugung nicht zu erwarten sind. Dabei ist wieder zu berücksichtigen, daß 1 Kilowatt (KW) = 860 Wärmeeinheiten (WE) und 1 Kubikmeter (m³) Gas = 3500 bis 3800 WE (unterer, 0°/760 mm) beträgt, entsprechend der neuen deutschen Norm: 4000 bis 4300 WE (ob., 0°/760 mm), für Kokereigasversorgung aber bis 5000 WE (ob.).

Zum Austausch aller Erfahrungen in der Einführung des Gases hat sich das deutsche Gasfach vor dem Kriege eine Zentralstelle gegeben: die Zentrale für Gasverwertung e. V. in Berlin, die sich stetig weiter entwickelnd, heute das clearing-house der Erfahrungen ist.

Die Veredelung der Kohle, durch Zerlegung derselben, — das Gas- und Kokereifach — ist ein Sondergebiet der Technik, das sich zum Nutzen der Allgemeinheit bewährt. Die öffentliche Gasversorgung ist durch Gasküche und Warmwasserbereitung heute Lebensbedürfnis. Wie in England und Amerika sollte aber die Gasheizung, auch im Interesse der Rauchverminderung,

noch mehr zur Einführung gelangen, wozu aber niedere Gas-
preise die Grundlage geben müssen. Solche Preise sind aber nur
durch Großgaserzeugung und Verteilung zu ermöglichen. Deshalb
müßte im Interesse der Allgemeinheit eine zentrale Großgaserzeugung und Großgasversorgung — durch Gasfernleitung —
entstehen, in ähnlicher Weise, wie die Elektrizitätsversorgung
bereits durchgeführt ist.

In großen Zügen ist damit die öffentliche Gasversorgung von
heute gegeben, die vor hundert Jahren begonnen, noch große
Zukunftsaufgaben in der Wärmelieferung zu lösen berufen ist.
Diese hundertjährige Geschichte des Gasfaches bringt es mit sich,
daß es nichts seltenes ist, so manche Familie in Gasfachkreisen
anzutreffen, deren dritte und vierte Generation im Gasfach tätig
ist. Aber auch sonst ist das Gasfach stets eine große Familie
gewesen, deren Glieder für das große Ganze strebten. Da zu
jedem Fortschritt Männer gehören, so ist zu wünschen, daß der
Wahlspruch eines kürzlich im hohen Alter verschiedenen, sehr
erfolgreichen Führers des rheinisch-westfälischen Kohlenberg-
baues und der Hüttenindustrie:

>>Rast ich — so rost ich<<

im Gasfach nie vergessen wird, zum Wohle des Gasfaches und
damit der Allgemeinheit.

Brennbare technische Gase.　　DIN **Entwurf 1.** E 1356 (Noch nicht endgültig.)

Gruppe	Gewinnung	Art	Unterarten	Verbrennungswärme [früher: oberer Heizwert] kcal/m³ b. 0°C u. 760 mm QS	Bemerkungen
Gase aus festen Brennstoffen	Durch Entgasung	Schwelgase	Holz-Schwelgas Torf-Schwelgas Braunkohlen-Schwelgas Steinkohlen-Schwelgas	3000 bis 8000 u. höher	Schwelgase, früher auch Urgase genannt, entstehen bei Temperaturen unterhalb Rotglut.
		Destillationsgase	Holzgas, Torfgas Braunkohlengas Steinkohlengas (Kokereigas)	4000 bis 6000	Destillationsgase entstehen bei Temperaturen oberhalb Rotglut.
	Durch Vergasung		Gichtgas	700 bis 900	Gichtgas entweicht der Gicht des Hochofens und enthält außer Stickstoff vornehmlich Kohlenoxyd und Kohlensäure.
		Schwachgase	Generatorgas	800 bis 1800	Generatorgas entsteht bei der Vergasung eines Brennstoffes durch Zufuhr von Luft oder Luft und Dampf. Frühere Sonderbezeichnungen: Luftgas, Siemensgas, Mischgas, Dowsengas (Halbwassergas).
			Mondgas	1200 bis 1800	Mondgas entsteht bei reichlicher Zufuhr von überhitztem Wasserdampf zwecks erhöhter Ammoniakgewinnung.
		Wassergase	Wassergas	2500 bis 2900	Wassergas, zuweilen auch Koksgas oder blaues Wassergas genannt, entsteht durch Einblasen von Dampf in eine hocherhitzte Brennstoffschicht (Koks oder gasarme Brennstoffe). Sonderart: mit Ölgas oder Benzoldämpfen angereichertes Wassergas: karb. Wassergas.
			Kohlen-Wassergas	3200 bis 3500	Kohlen-Wassergas entsteht im Wassergasbetrieb als Gemisch von Wassergas m. Schwelgas. Sonderbezeichnung: Doppelgas.

Art	Herstellung	Unterart	Betriebsbezeichnungen	Heizwert	Bemerkungen
Gase aus flüssigen Brennstoffen	Durch Verdampfung	Kaltluftgase	Benzin-Luftgas Benzol-Luftgas	2000 bis 3000	Kaltluftgase entstehen durch Beladen von Luft mit Dämpfen flüssiger Brennstoffe bei mäßigen Temperaturen. Sonderbezeichnungen: Aerogengas, Benoidgas, Pentairgas.
	Durch Zersetzung bei hohen Temperaturen	Spaltgase	Ölgas Fettgas Blasengas	4000 bis 8000	Spaltgase entstehen durch Überhitzung von Öldämpfen unter Luftabschluß. Sonderbezeichnungen: Pintschgas, Blaugas (durch Entspannung verflüssigter Anteile von Spaltgasen).
Naturgase	Entströmen der Erde	Methangase	Erdgas Sumpfgas Schlammgas	8000 bis 9000	Diese Gase bestehen in der Hauptsache aus Methan (CH_4).
Gase aus Nichtbrennstoffen		Karbidgase	Azetylen	12000 bis 13000	Karbidgase werden aus Karbiden und Wasser erzeugt.
		Wasserstoff		3090	Wasserstoff entsteht durch Elektrolyse oder durch Zersetzung des Wassers durch Metalle. Wasserstoff wird technisch meist aus Wassergas oder anderen gasförmigen Brennstoffen gewonnen.

Allgemeine Betriebsbezeichnungen.

Art	Unterart	Bemerkungen
Stadtgas	Steinkohlengas, Kokereigas, Wassergas, Doppelgas oder Gemische aus diesen Gasen	Stadtgas — bisher vielfach Leuchtgas genannt — dient zur Versorgung von Städten.
Rohgas		Rohgas ist das ungereinigte Gas (früher auch als Produktionsgas bezeichnet).
Reingas		Reingas — bei Generatorgas auch Kaltgas genannt — ist das gereinigte und von Nebenprodukten befreite, zu diesem Zwecke meist abgekühlte Gas.
Sauggas Selasgas		

Literaturnachweis.

Schilling-Bunte, Handbuch der Gastechnik. München, R. Oldenbourg,
  Bd. VI von Kuckuk-Kern-Schneider-Eisele, 1917;
  Bd. VIII von Schäfer-Spalek-Albrecht-Körting-Sander, 1916.
J. Hornby, Gas Manufacture, London 1896, George Bell & Sons.
Otto Johannsen, Geschichte des Eisens. Düsseldorf, 1924, I. Aufl.,
  Stahleisen m. b. H.
Kalender für das Gas- und Wasserfach, II, München 1925, R. Oldenbourg.
L. Litinsky, Trockene Kokskühlung, Leipzig 1922, Otto Spamer.
Rich. F. Starke, Großgasversorgung. Leipzig 1924, Otto Spamer.
H. Strache, Gasbeleuchtung und Gasindustrie. Braunschweig 1913,
  Friedr. Vieweg & Sohn.
H. R. Trenkler, Feuerungstechnik. Berlin 1925, V. d. I.
Karl Th. Volkmann, Chemische Technologie des Leuchtgases. Leipzig
  1915, Otto Spamer.
Henry P. Westcott, Handbook of Natural Gas. Erie, Pa., U. S. A. 1913,
  Metric Metal Works.
Zeitschrift Das Gas- und Wasserfach, S. 406ff., S. 421ff. München 1925,
  R. Oldenbourg.
Zeitschrift des Vereins deutscher Ingenieure, S. 538ff. Berlin 1925, V. d. I.

Schlußbemerkung des Herausgebers.

Die Sammlung „Werdegang der Erfindungen und Entdeckungen" stellt sich die Aufgabe, den Weg, den Wissenschaft und Technik genommen haben, bis in die Gegenwart hinein kulturhistorisch und volkswirtschaftlich zu verfolgen.

Dieser Aufgabe dient auch das vorliegende Heft. Wenn es auch ein Sondergebiet der Technik darstellt und in erster Linie für den angehenden Fachmann bestimmt ist, so verliert es jenes Ziel doch niemals aus den Augen. Die kleine Druckschrift vermag daher auch weiteren Kreisen ein fesselndes, anschauliches Bild zu geben. Daß wir in Deutschland im Jahre 1926 auf eine hundertjährige Geschichte des Gases zurückblicken können, war für den Herausgeber und den Verfasser nur ein äußerer Anlaß.

Der hier behandelte Gegenstand bietet ein höchst belehrendes Beispiel für das Werden eines technischen Gebietes aus den unscheinbarsten Anfängen heraus zu einem technischen Zweige, der heute zu den wichtigsten zählt, den der Erfindergeist geschaffen hat.

In richtiger Würdigung dieser Tatsache hat das Deutsche Museum in München einige seiner Räume der Gastechnik gewidmet. Ein jeder, der dort Belehrung sucht, sollte das vorliegende Heft zuvor eingehend studieren. Ferner empfiehlt es sich, dadurch eine praktische Unterlage zu gewinnen, daß man ein im Betriebe befindliches Gaswerk besichtigt. Nur durch die Vereinigung dieser vorbereitenden Schritte vermag man zu dem Erfolg zu gelangen, den ein voller Einblick gewährt.

Das gilt nicht nur von diesem sondern auch von allen andern in dieser Sammlung dargestellten Zweigen von exakter Wissenschaft und Technik. Erst dann vermag man auch die wirtschaftliche Bedeutung zu ermessen, sowie den Wert des Geschaffenen für die weitere Entwicklung zu erkennen.

Zur Vergeistigung der Technik würde es auch ganz wesentlich beitragen, wenn gemeinverständliche Darstellungen der hier gebotenen Art in die Betriebe selbst eindrängen und von allen Werksangehörigen, vom einfachen Arbeiter an, gelesen würden. Das wäre der schönste Lohn für alle an dem Zustandekommen dieser Sammlung Beteiligten.

Namen- und Sachregister.

102

104

Qualitätsprüfung 55.

Rait 67.
Raschig 40, 43.
Regler 50, 51, 52, 54, 62, 63.
Reingas 15, 97.
Reinigung 46, 47, 48.
Reithmann, Ch. 83.
Rhein.-Westf. Elektrizitätswerk,
   Akt.-Ges., Essen (RWE) 92.
Richards, W. 67.
Richter 86.
Rickelts 75.
Rideal 73.
Riedinger, L. A. 57.
Ries 30.
Rincker 88.
Robinson 75.
Rohgas 97.
Rohre 59, 60, 61.
Rohre, System Rogé 60.
Roots-Gebläse 50.
Roser 35.
Rostin 73.
Rothenberg 72.
Rowan 29.
Rowland 45.
Rubens 70.
Rubner 73.
Rückmessende Gasmessertrommel
   65.
Ruelle 65.
Rutten 45.

Sadewasser 40.
Salzenberg 72.
Sauggas 97.
Schamotte 31.
Schaufelgebläse 50.
Scheele 1.
Scheibenbehälter 54, 56.
Schiele 8, 57.
Schilling 20, 28, 55, 58.
Schirmer, Richter u. Co. 70.
Schlammgas 97.
Schmiedt 47.
Schnabel 76.
Schneider 65.
Schniewindt 30, 32.
Schnittbrenner 9.

Schöpfgasmesser 65, 66.
Scholefield 66.
Schott u. Gen., Jena 71.
Schrägkammerofen, Münchener 30,
   31.
Schrägretortenofen 22, 58, 59.
Schütte, Alfred, H. 83.
Schulz & Sackur, A.-G. 79.
Schwachgase 96.
Schwefelkohlenstoffentfernung 48.
Schwefelwasserstoff 12.
Schwefelwasserstoffentfernung 46.
Schwelgas 34, 96.
Selas-Gas 97.
Selas-Ges. 72, 82, 83, 84.
Selligne 64.
Semet (-Solvay) 42.
Senkingwerk, A.-G. 79.
Serlo, H. 2.
Settle 29.
Sharp, J. 75.
Sicherheitsregler 52.
Siemens, F. 20, 79.
Silika 31.
Simon 84.
Sirley, Th. 1.
Smith, W. 75.
Söhnlein 86.
Solvay (Semet-S.) 42.
Spaltgase 97.
Stadtdruckregler 51, 54, 63.
Stadtgas 14, 97.
Stadtrohrnetz 59, 62.
Standardwascher 41, 44, 46.
Stationsgasmesser 51, 53.
Steilberg 72.
Steinkohlen 13.
Steinkohlengas 10, 14, 15, 96.
Steinkohlen-Schwelgas 96.
Stettiner Chamottefabrik, A.-G.,
   vorm. Didier 57.
Stickstoff 14, 15.
Still 42, 43, 58.
Stone 9.
Stoßmaschinen 22.
Strache 16, 33, 58, 91.
Straßenbeleuchtung 73, 74.
Strong 33.
Stumpfelt 1.
Sulzer, Gebr. 18, 32.